UNE AFFAIRE D'ÉTAT

LA TENTATIVE DE SABORDAGE DU **NUCLÉAIRE** FRANÇAIS

Ouvrage dirigé par Alain Ammar
Collection dirigée par Franck Spengler

Illustrations de couverture : © Shutterstock

34-36, rue La Pérouse
75116 - Paris
www.hugoetcie.fr

ISBN : 9782755692570
Dépôt légal : janvier 2022
Imprimé en France par Bussière

BERNARD ACCOYER
AVEC CHANTAL DIDIER

UNE AFFAIRE D'ÉTAT

LA TENTATIVE DE SABORDAGE DU **NUCLÉAIRE** FRANÇAIS

Hugo Doc

SOMMAIRE

AVANT-PROPOS

Elle provoquait l'admiration de tous les pays du monde. La filière électronucléaire française menace de sombrer ! Devant l'incompréhensible, les chercheurs du Commissariat à l'énergie atomique (CEA) sont inquiets. Les économistes comme les spécialistes du climat sont déçus. Les ingénieurs de l'atome aussi. Tous alertent : comment arrêter cette descente aux enfers ? Avec leur aide, nous avons cherché à comprendre comment le pays en était arrivé là.

Ce que nous avons découvert est grave. Certains pourraient qualifier cette funeste aventure d'« affaire d'État ». Elle en possède de nombreux ingrédients.

Cette influence était-elle conduite par une infiltration, un entrisme idéologique ? Elle l'a été. La présidence de la République et les services du Premier ministre étaient-ils informés de cette influence ? Tout porte à croire que non.

La politique qui s'est ainsi imposée a-t-elle conforté la puissance industrielle de la France ? La réponse est non.

La politique a-t-elle pesé favorablement sur le prix de l'électricité payé par le consommateur ? La réponse est non.

Nous en avons vu les résultats concrets à l'automne 2021 : les prix ont explosé !

Cette politique a-t-elle été coûteuse pour les finances publiques et le contribuable ? La réponse est oui.

Cette politique a-t-elle permis de réduire les émissions de gaz à effet de serre de la France et de lutter davantage contre le réchauffement climatique ? La réponse est non.

Cette politique a-t-elle eu un effet favorable sur l'environnement, les paysages, la biodiversité, l'occupation des sols ? La réponse est non.

Cette politique a-t-elle servi des intérêts commerciaux, industriels, financiers français ou à l'étranger ? La réponse est oui.

Qu'est-ce qu'une « affaire d'État » ? C'est une faute qui met en jeu, de manière active, passive ou neutre, des représentants des hautes sphères de l'État et d'autres acteurs – serviteurs de l'État, individus ou groupes – qui couvrent ce dysfonctionnement par complicité, négligence ou incompétence. Alors oui, cette définition s'applique au sabotage méthodique de la troisième filière industrielle française, forte de 220 000 emplois souvent hautement qualifiés.

Dans ces pages, nous avons cherché quand, comment, avec quels acteurs et quels relais la politique énergétique nucléaire de la France a été critiquée, remise en cause, dévitalisée. Jusqu'à en compromettre l'efficacité, laisser flamber les prix de l'électricité, obérer l'indépendance nationale.

Le constat s'impose ; les conséquences présentes, et plus encore à venir, menacent.

Ce que nous avons découvert s'inscrit dans un laisser-faire bien français. Il a permis à des individus ou à des groupes organisés d'imposer leur opinion et d'influer sur les grandes orientations stratégiques de la politique énergétique de la France.

La plupart des acteurs de cette dérive ne se sont probablement pas rendu compte de ce qui se tramait au fil des années. La recherche naïve du consensus par des personnalités attentives à leur image et à leur popularité a certainement joué un rôle important dans la genèse de cette lente dégradation. Pour d'autres, l'ignorance ou, plus grave, le carriérisme, le militantisme ont été déterminants.

Cette « affaire d'État » résulte de la porosité entre une mouvance antinucléaire, structurée, militante, politisée, et des services de l'État investis par des politiques. La première, sous couvert de défense de l'environnement, use et abuse de tous les moyens, y compris illégaux, pour imposer son influence. Les seconds se traduisent par la présence en nombre de militants écologistes dans les lieux de pouvoir et à tous les niveaux : attachés parlementaires qui, de plus en plus, deviennent des élus, collaborateurs et membres de cabinets ministériels et même ministres !

Fondée sur des majorités parlementaires, la démocratie passe par des alliances. En France, avec le scrutin majoritaire, les accords se concluent avant les échéances électorales. Parfois en acceptant des engagements lourds pour l'avenir du pays, comme les fermetures de Creys-Malville ou de Fessenheim. Est-ce par ambition de pouvoir, par ignorance ou par légèreté quant aux conséquences de ces programmes décidés dans la précipitation ? Mais derrière ou en aval de ces orientations stratégiques, il y a toujours des intérêts financiers et commerciaux, voire la main invisible ou non de puissances étrangères servant leurs intérêts.

Un sursaut s'impose. Il est encore possible. C'est une question de courage et de volonté, comme la France en a déjà fait la démonstration, dans les années 1970, pour faire face au premier choc pétrolier. Elle s'est alors dotée de son parc nucléaire, dans des conditions qui ne sont pas sans rappeler celles qui prévalent aujourd'hui. Mais ce sursaut ne sera possible que si la science reprend la place que l'idéologie a usurpée, une place qu'elle n'aurait jamais dû voir contestée dans le processus de décision publique. Si la politique est souvent passion, le sens de l'État conduit à lui opposer la raison.

INTRODUCTION

Jeudi 19 novembre 2020. Sur BFMTV, ce matin-là, la ministre de la Transition écologique annonce qu'en cas de « *grosses vagues de froid* », de « *très courtes coupures* » d'électricité pourraient avoir lieu cet hiver. En cause, selon elle : le confinement dû à la Covid-19, qui a retardé la maintenance de certaines centrales nucléaires alors que « *notre système électrique est trop dépendant de cette seule énergie.* » « *Il n'y aura pas de black-out ! La France ne sera pas dans le noir !* », veut rassurer une Barbara Pompili, tout sourire. Mais il faut développer un « mix énergétique » pour éviter des interruptions de chauffage... Dormez tranquilles, braves gens, les écolos veillent sur vous !

Je bondis, car trop, c'est trop ! Les Français subissent déjà le confinement imposé par la menace du SRAS-Covid 2, en raison pour partie du désarmement des mesures anti-pandémie prises en 2009 contre le H1N1. Les voici maintenant en précarité électrique.

Un comble pour un pays qui, il y a quelques années encore, était regardé avec envie pour sa production abondante d'électricité décarbonée à bas coût et son avance technique dans la filière nucléaire. Comment a-t-on pu en arriver là ?

J'ai toujours pensé que c'est en faisant dialoguer des scientifiques, des spécialistes de disciplines différentes, que s'ouvrent des espaces de compréhension et de progrès. Mon parcours professionnel et politique m'éclaire sur ce qui s'est passé. Le médecin connaît les ressorts cachés qui mobilisent hommes et femmes et j'ai ensuite eu l'occasion, dans ma vie d'élu, de les observer et de travailler sur les moyens qu'ils utilisent pour aboutir à leurs fins. Le député et président de l'Assemblée nationale a vu fonctionner de près les rouages du pouvoir que grippent parfois les faiblesses humaines. Je m'interrogeais alors : « *Un homme politique peut-il dire toute la vérité*[1] *?* » Si j'ai pris mes distances avec la politique active, je n'en reste pas moins soucieux de l'avenir de mon pays. Et ce que je vois m'oblige à enlever le point d'interrogation. Oui, il faut dire la vérité.

J'affirme donc que la déconstruction de nos atouts, la dissolution de nos forces, la dégringolade de nos performances résultent de choix justifiés ou non, de décisions ou d'attentismes, d'a priori et de dogmatismes. Elles tiennent à une ignorance des réalités – réelle ou feinte –, à des manœuvres de groupes de pression activistes, à des calculs électoralistes à court terme, mais lourds de conséquences. Il s'agit, dans tous les cas, d'un manque de courage.

L'énergie a accompagné l'histoire de l'homme, d'abord humaine puis animale, pendant des millénaires. La première révolution énergétique et industrielle, celle du charbon

1. Bernard Accoyer, *Un homme politique peut-il dire toute la vérité ?*, J.-C. Lattès, 206 p.

et de la machine à vapeur au VTGGe siècle, a tout changé, inaugurant l'ère de progrès fabuleux en tous domaines. Issue des énergies primaires, fossiles, hydraulique, éolienne, photovoltaïque, l'électricité est le sang de notre économie comme de notre vie personnelle. Pas de transports, d'usines, de bureaux, d'agriculture sans elle. Pas de lumière, de soins, de spectacles, de cuisine, de chauffage, non plus.

Avec le réchauffement climatique lié à la combustion des énergies fossiles – charbon, pétrole, gaz naturel –, avec l'exigence de réduire les émissions de gaz à effet de serre, l'électricité est plus que jamais l'avenir de la France. Cette électricité doit être disponible à tout moment et bas carbone. Deux propriétés qui n'appartiennent qu'à l'hydraulique et au nucléaire. Toutes les disponibilités géographiques étant exploitées, le développement de la première ne peut plus être qu'anecdotique en France. Reste le second, sans lequel il n'y aura pas d'avenir pour le pays. Voilà pourquoi je veux dire, marteler, crier la vérité : depuis 2012, la politique énergétique conduite par les gouvernements successifs relève quasiment du sabordage. En tout cas, du mensonge et de la manipulation.

Au moment où le réchauffement climatique pose à l'humanité un défi d'une ampleur encore jamais rencontrée, la France peut se prévaloir, grâce au nucléaire, de résultats vertueux en matière d'émission de gaz à effet de serre. Or, tout est fait pour affaiblir cet avantage en réduisant sa part dans un « *mix énergétique* » plus ouvert aux énergies renouvelables intermittentes. Sauf que, fondés sur des dogmes et des préjugés, les objectifs affichés sont irréalistes. Ils visent à réduire le parc pilotable décarboné au profit d'un parc intermittent, qui a besoin de centrales pilotables au charbon ou au fuel – ou au mieux au gaz, qui émettent quand même soixante-dix fois plus de CO_2 que le nucléaire – pour assurer sa continuité. Au détriment évident de notre bilan carbone. Ils exigent des investissements et des travaux gigantesques qui renchérissent le coût de l'électricité. Ils font appel à des groupes étrangers, menaçant notre indépendance énergétique et notre balance commerciale. Quelle gabegie !

À l'origine de cette régression inévitable de l'accès à tout moment à une électricité fiable et bon marché, il y a la volonté tenace d'une minorité activiste de militants déterminés. Ils ont réussi à imposer leurs convictions. Lesquelles s'inspirent consciemment ou non du rejet ancien de l'économie de marché, de la dénonciation du capitalisme, du refus de la société de consommation. Leur absolue opposition au nucléaire s'est nourrie de la légitime répulsion suscitée par les armes nucléaires de destruction massive, bien qu'elles n'aient en commun avec les centrales du même nom que l'utilisation de la fantastique densité énergétique de l'uranium. Le réseau d'influence qu'ils ont construit, l'investissement dans la communication spectaculaire voire illégale ou violente, l'instrumentalisation des peurs, l'entrisme dans les institutions publiques et privées ont finalement imposé leurs objectifs à des exécutifs de droite et de gauche.

Il y eut l'accord politique entre Lionel Jospin et les Verts en 1997, puis le pacte écologique de Nicolas Hulot, base du Grenelle de l'environnement, signé par la plupart des candidats à l'élection présidentielle de 2007, pour certains « *à l'insu de leur plein gré* », puis l'accord entre le Parti socialiste de François Hollande et Europe Écologie-les Verts en 2012, et enfin, les concessions d'Emmanuel Macron à l'écologie politique et à Nicolas Hulot en 2017. Depuis un quart de siècle, méthodiquement et pas à pas, la mouvance antinucléaire a progressé et réussi à imposer ses vues. Elle a provoqué la décomposition de notre politique énergétique jusqu'à en faire une véritable affaire d'État.

Il n'est pas sûr que tous ceux qui se sont prêtés à ces accords aient toujours compris en temps et en heure toutes les conséquences de leurs actes. Pas sûr qu'ils aient sciemment sacrifié un pan essentiel de l'industrie nationale, en tout cas pas tous. Pas sûr que les services et les cabinets aient tout dit à tous leurs ministres. Pas sûr que les services de renseignement aient suivi cette lente et très habile infiltration, cette mise en danger d'un domaine vital et stratégique. Pas sûr qu'en nommant à la tête du ministère de l'Environnement des militants antinucléaires, des nucléarosceptiques ou des ignorants en la matière, attentifs avant tout à leur popularité, les présidents de la République successifs aient été conscients qu'ils faisaient un choix équivalent à la nomination d'un faucon à la Défense. Ou alors, comment expliquer qu'en 2007 Nicolas Sarkozy, convaincu du nucléaire, qui dut faire usage de toute son autorité pour sauver l'EPR de Flamanville face aux détracteurs de l'atome, ait transféré la compétence sur l'énergie du ministère de l'Industrie à celui de l'Environnement ? La France, jusqu'à la décision récente de l'Allemagne, a été le seul pays au monde à avoir fait ce choix dangereux, confiant à un seul service des responsabilités qui portent pratiquement sur un domaine vital et stratégique qui conditionne l'avenir et le bon fonctionnement du pays. Un tel pouvoir ne peut relever que des arbitrages du chef du gouvernement.

Au pays des Lumières, les vérités scientifiques sont contestées au profit d'opinions vagues, non dénuées souvent d'arrière-pensées politiques ou commerciales. Dans les allées du pouvoir, les ingénieurs de l'État, jadis nombreux, l'ont cédé aux juristes, alors même que s'accélèrent les savoirs et les technologies nouvelles. D'où le risque de décisions politiques prises sur la base de théories fumeuses. Presque au doigt mouillé ! En France, il n'y a pas de structure rassemblant des scientifiques pour conseiller l'exécutif, tel que le Defense Advanced Research Project Agency aux USA, qui a son équivalent au Royaume-Uni. Ici, en 2007, le transfert de la Direction générale énergie climat (DGEC) au ministère de l'Environnement a mis, outre la compétence énergie, le Secrétariat général à l'Énergie nucléaire sous la tutelle de ce dernier.

Il est plus que temps de revenir à la raison. Je veux dénoncer la complaisance et la démagogie électorale sur les questions d'énergie. D'une certaine façon, les promesses ruineuses devraient relever de la Commission de contrôle des dépenses de campagne. Elles finissent par coûter des centaines de milliards aux Français sans que personne n'en réponde. Parmi ces idéologues ruineux, certains sont sincères ; je regrette que mes propos les choquent. D'autres ont transformé leurs frustrations professionnelles ou personnelles en un militantisme destructeur de ce qu'ils avaient pu défendre. Une minorité relève de ces politiciens ambitieux et indifférents aux conséquences de leurs affirmations.

Si j'appartenais au camp de la pensée unique – celui des idées à la mode –, je serais qualifié de « *lanceur d'alerte* ».

Mais je suis libre et de droite ; je serai donc rejeté dans la catégorie des « *populistes* ». Cela m'indiffère. Parce que l'essentiel, pour moi, est de défendre les atouts industriels et économiques de notre beau pays. Sans eux, il n'y aura pas de modèle social qui puisse tenir.

CHAPITRE 1

LES PRIX FLAMBENT. ET CE N'EST PAS FINI !

Les tarifs réglementés de l'électricité ont augmenté de 50% en dix ans ; ils pourraient doubler d'ici dix ans ! La faute aux énergies vertes.

Du jamais vu ! Au mois de septembre 2021, les prix de marché du gaz et de l'électricité atteignaient des niveaux inouïs et leur flambée semble hors de contrôle. Les cours du gaz approchent les 90 € le mégawattheure (MWh, 1000 KWh), soit une progression de plus de 300% durant les neuf premiers mois de l'année 2021. Et ce, alors que la saison froide, qui pousse la demande, n'avait pas encore commencé.

L'électricité suit. Sur le marché à terme (dont la livraison se fait douze mois après la commande), le MWh se vend à près de 110 €. Deux semaines auparavant, il avait battu son record de 2018 qui s'était alors établi à 93 €. Entre janvier et octobre 2021, la progression est moindre que pour le gaz, mais elle atteint quand même 97%, soit un quasi-doublement !

Les deux cours sont liés car, en Europe, les prix de marché de l'électricité sont directement dépendants des fluctuations du prix du gaz. Cette source d'énergie, en effet, ne sert pas seulement pour le chauffage ; elle est aussi utilisée pour produire de l'électricité dans des centrales thermiques. Dans le cadre du marché unique de l'énergie, le prix du mégawattheure est ainsi déterminé par le coût de production de l'électricité dans la dernière centrale thermique appelée en renfort en cas de pic de consommation. Pour le marché français, compte tenu de l'interconnexion de tous les réseaux européens, cette dernière centrale se situe en Allemagne et fonctionne au gaz. Plus ce dernier coûte cher, plus le prix de l'électricité grimpe.

Pour les Français, la facture énergétique s'annonce salée pour cet hiver 2021-2022. Les tarifs réglementés du gaz ont déjà augmenté de 40% au début de l'année 2021 ; ils ont encore progressé de 12,6% au 1er octobre. Soit une majoration vertigineuse de près de 53% en neuf mois. Si l'hiver se fait rude, gare aux dérapages ! Pour l'électricité, en l'absence du bouclier tarifaire, l'impact se serait concrétisé en janvier, lorsque la Commission de régulation de l'énergie (CRE) propose sa révision annuelle du tarif de vente réglementé (TVR). Lequel concerne encore 70% des consommateurs. Si les cours sur le marché étaient répercutés, la hausse proposée devrait être autour de 10% selon les spécialistes, 12% selon Barbara Pompili. Venant s'ajouter à celles des dernières années, ces augmentations deviennent intolérables pour des millions de ménages. Attention, danger ! Surtout à l'approche d'une élection présidentielle. Le gouvernement a cherché à éteindre l'incendie avant qu'il ne brûle trop fort. Après avoir annoncé un « *chèque énergie* » exceptionnel de 100 € pour les 5,8 millions de foyers les plus modestes, il a opté pour un « *bouclier tarifaire* » afin de lisser les hausses et les reporter. Le gel des prix n'est en effet qu'un étalement dans le temps d'une augmentation qu'il faudra payer... après les élections du printemps 2022. Avec une épée de Damoclès au-dessus de la tête du gouvernement : chaque fois qu'il a reculé devant une majoration jugée trop élevée, il a dû finalement la mettre en œuvre sur injonction du Conseil d'État.

Les industriels souffrent aussi. Et même plus lorsqu'ils s'approvisionnent en gaz et en électricité sur le marché. Au Royaume-Uni, où une cinquantaine d'entreprises de distribution d'énergie se partagent un marché morcelé, plusieurs d'entre elles ont déjà mis la clé sous la porte. En raison de tarifs plafonnés par le gouvernement, elles ne peuvent répercuter les hausses sur leurs clients. Le Premier ministre conservateur en est à envisager des prêts d'urgence garantis par l'État pour éviter des faillites en cascade. Plusieurs entreprises dans l'agroalimentaire et l'industrie manufacturière ont mis leurs usines à l'arrêt, la production n'étant plus rentable avec une énergie coûtant aussi cher. En Italie, le gouvernement a réduit de 3 milliards d'euros les taxes et impôts sur l'énergie afin de compenser une hausse attendue de 30 à 40%. Même scénario en Espagne, Madrid suspendant certaines contributions et taxant les bénéfices des énergéticiens qui font des profits excessifs.

Cette envolée des prix vient de ce qu'à l'automne 2021, la demande de gaz a explosé. En Europe, mais aussi dans le reste du monde. Après avoir baissé pendant la pandémie, elle a retrouvé son niveau de 2019, poussée par la reprise économique. Fier de son parc éolien offshore, dont il tire l'ambition de devenir l'Arabie saoudite de cette énergie, le Royaume-Uni déchante. Un anticyclone, sans vent donc, a mis à l'arrêt tous ses mâts de la mer du Nord. L'électricité manque et oblige à faire tourner à plein les centrales au gaz qui assurent déjà 25% de la production globale en temps normal.

Pour répondre à cette demande, les stocks sont au plus bas. Et les fournisseurs ayant peu investi durant la pandémie, les capacités mondiales de production ont baissé de 1%. Certains accusent la Russie de vouloir tendre le marché afin d'obtenir plus rapidement la mise en service du gazoduc Nord Stream 2. Plus de quarante eurodéputés ont ainsi demandé à la Commission européenne d'ouvrir une enquête sur les agissements de Gazprom. Il est vrai que, si elle remplit ses obligations contractuelles, l'entreprise russe refuse de faire transiter des volumes additionnels via l'Ukraine. Moscou apprécie peu que le « *gaz naturel* » devienne du « *gaz fossile* », selon la nouvelle dénomination bruxelloise. S'y ajoute le fait que les règles de concurrence européennes interdisent à tout opérateur de dépasser 40% du marché. Or, Gazprom s'en approche en fournissant plus du tiers de l'approvisionnement européen en gaz.

Il est vrai que l'Europe n'en est pas à une incohérence près. « *Avec le Pacte vert, la Commission ne se focalise que sur l'hydrogène à l'horizon 2050 en omettant de préciser comment les Européens vont se chauffer et se nourrir d'ici là*[2] », explique Thierry Bros, professeur à Sciences Po, spécialiste de la géopolitique de l'énergie. « *On va se retrouver dans une*

2. Thierry Bros, « L'Europe est responsable de la flambée des prix du gaz », *L'Opinion*, 21 septembre 2021.

situation de rationnement par le prix, mais personne ne le dit aux peuples », ajoute-t-il. L'économiste Patrick Artus n'affirme pas autre chose : « *Ces vingt prochaines années, le prix de l'énergie en euros constants va au moins doubler.* » Ce qui devrait apporter de l'ordre de 0,5% d'inflation chaque année.

En attendant 2050, les responsables européens montrent du doigt le gaz et demandent aux entreprises et aux banques de ne plus investir dans ce secteur. Comme ils diabolisent l'atome. Soit. Mais comment arriver à baisser de 55% d'ici à 2030 les émissions de gaz à effet de serre dans l'Union européenne sans recourir à l'énergie décarbonée que produit le nucléaire ? Et en rallumant les centrales à charbon bien plus polluantes que celles au gaz, comme le fait l'Allemagne ? Pour Bruxelles, la réponse est simple : il suffit de réduire les quotas de CO_2. Ces « *permis de polluer* » fonctionnent comme une monnaie d'échange que les entreprises polluantes doivent reverser chaque année en fonction de leur niveau d'émission de gaz à effet de serre (GES). Plus ils sont chers et plus les entreprises ont intérêt à réduire leur niveau de pollution.

Sauf que... en réduisant ces quotas – un quota égale une tonne de CO_2 –, l'Europe fait monter leur prix et ouvre la voie à une vraie spéculation. Depuis le début de l'année 2021, ils sont passés de 33 € à plus de 60 €, un doublement qui augmente d'autant le prix de l'électricité. Selon les spécialistes, cette flambée des quotas de CO_2 participe aux deux tiers de celle de l'électricité contre un tiers pour la hausse du gaz. Quant à la spéculation, elle naît de l'anticipation des décisions de Bruxelles : certaines entreprises et des fonds d'investissement se couvrent en achetant plus de quotas que de besoin. Selon le journal *Handelsblat,* le géant allemand de l'énergie RWE a acquis massivement des crédits carbone européens quand les prix étaient au plus bas. Il peut ainsi faire fonctionner ses centrales au lignite sans en subir les conséquences financières «*jusqu'en 2030*» !

Toujours prompte à tout normer, la Commission européenne devrait pour le moins se pencher sur une régulation de ce marché des quotas de CO_2. Et admettre que sa politique est responsable pour une bonne partie de cette flambée des prix de l'énergie qui n'est pas près de finir. Selon Thierry Bros, « *si nous continuons notre transition à marche forcée, cette situation de tension sur les marchés risque de se reproduire les prochaines années*[3]. » À l'approche du mur, mieux vaut ne pas accélérer encore mais plutôt essayer de réparer les dégâts. Autrement dit « *revenir aux fondamentaux en se focalisant de nouveau sur notre sécurité d'approvisionnement à des coûts acceptables.* »

Les fanatiques de l'écologie se réjouiront : la hausse des prix du gaz et de l'électricité devrait stimuler l'investissement dans les renouvelables car, à ce niveau, la marge des producteurs s'améliore. Certains rêvent même de champs d'éoliennes rentables sans les subventions des États ! Ce qui ne rendra pas ces énergies pilotables pour autant. Faudra-t-il expliquer aux consommateurs qu'il est difficile de concilier lutte contre la fin du monde et garantie de fins de mois sans soucis d'argent ?

Face à cette dérive des prix, Bruxelles et les gouvernements bricolent. Ils risquent de devoir donner plus d'explications

3. *Ibid.*

sur des choix énergétiques plus idéologiques que politiques. Ils ont, en tout cas, intérêt à peaufiner leurs arguments à l'adresse de consommateurs déjà douchés par les promesses de bienfaits que devait apporter la concurrence dans ce monde de l'énergie. Une ouverture du marché de l'énergie qui se révèle un des plus graves échecs européens.

Toute à sa défense d'une « *concurrence libre et non faussée* », la Commission européenne ne pouvait que très mal voir le monopole de distribution de l'électricité confié à EDF au sortir de la guerre. Les Français en ont tiré l'avantage d'une énergie stable, abondante et surtout bon marché. Les tarifs étaient les moins chers du monde, favorisant la compétitivité de nos entreprises et des économies pour les ménages. Cela fonctionnait trop bien pour Bruxelles. Dans la foulée du mouvement de dénationalisation des services publics initié par Margaret Thatcher en Grande-Bretagne dans les années 1980, la Commission remet en cause ce monopole d'EDF, au prétexte que l'entreprise nationale disposait d'une « *rente nucléaire* » puisqu'elle exploitait un parc de 58 réacteurs déjà « *amortis* ». Ce qui défavorisait d'éventuels producteurs alternatifs, susceptibles de faire baisser les prix.

S'ensuivirent une succession de lois, défendues par des gouvernements de droite, de gauche ou d'ailleurs, qui n'ont eu de cesse de pénaliser EDF pour faire place à ses concurrents. Dotés d'intitulés originaux (loi POPE, loi NOME), ces textes ont décidé :

- d'imposer, avec le ministre de l'Environnement vert Yves Cochet, à l'entreprise nationale d'acheter les énergies renouvelables (essentiellement solaires et éoliennes) produites par des entreprises ou des particuliers, à des tarifs bien supérieurs à son propre coût de production. Tarifs augmentés, sous le charme du Grenelle de l'environnement, en 2007, par Jean-Louis Borloo, ce qui a suscité de scandaleux effets d'aubaine ;

- de compenser, mais très imparfaitement, cette obligation par le biais d'une taxe payée par le consommateur : la Contribution au service public de l'électricité. Elle est passée de 3,3 € à 22,5 € le MWh en treize ans, soit une hausse de près de 650% ! Elle constitue plus d'un dixième des factures d'électricité et correspond à 100 € par an en moyenne pour un ménage ;
- de plafonner cette taxe, devenue de plus en plus voyante et contestée, à son niveau 2016 (27 € le MWh si on inclut la TVA). Ségolène Royal l'intégra aux taxes sur les produits pétroliers, dont une augmentation a provoqué la colère des Gilets jaunes ;
- d'obliger EDF à vendre le quart de sa production nucléaire à ses propres concurrents, au tarif dit ARENH (Accès régulé à l'électricité nucléaire historique) fixé à 42 € le MWh pendant quinze ans. Et ce, alors que la Cour des comptes a estimé, en 2012, que le « *coût économique complet* » (qui intègre le présent, le passé et le futur de la filière) du MWh nucléaire était de 55 € ! Il atteignait 59 € en tenant compte des dépenses post-Fukushima et des 50 milliards d'investissements du « *Grand carénage* ». Cette cession constitue une véritable hémorragie pour les finances d'EDF, donc pour ses investissements dans de nouvelles centrales.

Pendant ce temps-là, les États ont subventionné à tout-va les énergies renouvelables : 160 à 200 milliards déjà engagés par la France ; quatre fois plus par l'Allemagne. D'où un accroissement considérable du parc de production « *vert* », tant ici (environ 25 GW) qu'outre-Rhin, où le parc éolien et solaire atteint 120 GW, soit le double du parc nucléaire français. Cette électricité renouvelable étant prioritaire sur le réseau européen, les producteurs de courant traditionnel sont contraints de réduire leurs productions « *pilotables* ». Au bout du compte, cela aboutit à un marché distordu entre électrons « *verts* » préachetés et électrons « *rouges/noirs* » mis en concurrence à la Bourse EPEX.

L'extrême volatilité des prix sur ce marché – y compris parfois négatifs ! – a pour effet de dissuader les investisseurs de bâtir autre chose qu'un parc éolien ou solaire subventionné. L'Europe ne construit donc plus les moyens pilotables nécessaires à sa sécurité d'approvisionnement. Pire : elle ferme pour des raisons idéologiques Fessenheim, que ne compense que partiellement l'ouverture de Datteln-4, centrale au charbon allemande, émettant chaque année une dizaine de millions de tonnes de CO_2. Les prix oscillent donc au gré du soleil et du vent.

Pour y remédier, les concurrents d'EDF, soutenus par *Que Choisir* et même par la Commission de régulation de l'énergie, demandent que soit porté de 100 à 150 térawattheures (TWh) le volume d'électricité nucléaire ponctionné sur EDF, toujours à un tarif ARENH ! C'est mettre à nu l'entreprise historique pour redorer les habits synthétiques des alternatifs. Par chance, jusqu'à présent, le gouvernement s'y est refusé.

Ainsi donc, la rareté faisant la cherté, la dérégulation du marché de l'électricité, orchestrée par l'Europe sous influence allemande, a eu pour effet contraire l'explosion du prix de l'électricité. Selon Eurostat, la hausse en France a été de 54,9% en dix ans, contre 28,9% en moyenne dans les autres pays de l'Union européenne. Le ministère de la Transition écologique fait observer que, malgré cette inflation, en 2019, le prix de l'électricité en France s'établissait à 178 €/MWh, et « *reste de 14% inférieur à la moyenne de l'Union européenne* », qui est de 207 €/MWh. Sauf que cet écart était de 28% en 2008 et que l'avantage a été réduit de moitié en onze ans !

Le consommateur et le contribuable doivent prendre conscience que cette électricité éolienne et photovoltaïque coûte cher. À la production, puisque son coût s'établit entre 90 et 200 €/MWh, soit entre deux à cinq fois plus que le nucléaire. Ce qui impose des aides de l'État, estimées à 7 milliards par an, pour aboutir à des investissements rentables. À l'acheminement, puisqu'il faut des milliers de kilomètres de lignes en plus pour récupérer et distribuer une production éparpillée sur le territoire. Au démantèlement des éoliennes et des panneaux photovoltaïques pas ou très peu pris en compte, à la différence du nucléaire. Rien d'étonnant que les factures explosent !

Et ce n'est pas fini ! La transition écologique voulue par l'Union européenne, et jusque-là soutenue par la France, va aggraver la flambée des prix de l'énergie. Pour aller plus loin dans la réduction des émissions de gaz à effet de serre, la majorité des économistes et la Commission de Bruxelles estiment qu'il faut augmenter le prix des carburants fossiles via une hausse du prix du carbone. Au risque d'une révolte sociale ?

À ces coûts, il faut ajouter les pertes de recettes pour EDF, contrainte de réduire sa production d'électricité nucléaire pour laisser place à celle des renouvelables... quand il y a du soleil et du vent.

Et tout cela parce que l'Europe refuse de défendre cette énergie décarbonée qu'est l'électricité nucléaire ! Faudra-t-il un vaste black-out pour ramener à la raison des dirigeants moins idéalistes qu'il n'y paraît ?

CHAPITRE 2

JUSQU'À MAINTENANT, TOUT ALLAIT BIEN

Fermer des centrales nucléaires pilotables au bénéfice d'énergie intermittentes, c'est risquer le black-out. On y va.

Pourquoi alerter sur les risques de chaos électrique alors que les mises en garde sur de possibles pénuries lors de l'hiver 2020-2021 ne se sont vérifiées que partiellement et sont passées inaperçues ? Depuis plus de quarante ans, plus précisément depuis la grande panne d'électricité (black-out) survenue le 19 décembre 1978 qui paralysa la plus grande partie du pays, les Français ont fini par oublier les « pannes de courant » qui survenaient autrefois sans crier gare, des interruptions d'approvisionnement auxquelles chacun était habitué. C'était au temps du très ancien monde, une époque à laquelle tout ne dépendait pas de l'électricité. Le nouveau monde pourtant ne peut pas entonner « *Tout va très bien Madame la marquise* » ! Au contraire.

L'assujettissement à l'électricité est aujourd'hui quasi total pour tous et pour tout. Le radio-réveil ou la télévision du matin, la théière ou la cafetière, l'eau chaude, le sèche-cheveux ou le rasoir… Dès potron-minet, il nous faut du « *courant* ». Que dire de la journée ? Il n'est pas un instant dans une vie normale, pas un espace un tant soit peu aménagé, qui puisse être privé d'électricité. Devenue une « *commodité* », celle-ci voit sa consommation exploser. C'est un atout car l'électricité permet des gains extraordinaires d'efficacité énergétique (les ampoules LED divisent par 6 la consommation de l'éclairage, les fours micro-ondes divisent par 100 l'énergie de réchauffage d'un plat par rapport à un four traditionnel, l'effet de levier des pompes à chaleur divise par 3 l'énergie de chauffage). En revanche, de nouveaux usages ne cessent d'apparaître et gomment les gains d'efficacité, comme les nouvelles technologies dévoreuses d'énergies.

S'y ajoute maintenant l'absolue nécessité de réduire nos émissions de gaz à effet de serre en remplaçant les énergies carbonées issues du charbon, du pétrole et du gaz par de l'électricité décarbonée dans les transports, le chauffage, l'industrie, etc. Et cela en moins de trente ans ! Ce qui d'après les Académies des sciences et des technologies va amener à un quasi-doublement de la consommation d'électricité, contrairement aux estimations sous-évaluées retenues par la Stratégie nationale bas carbone (SNBC). Nous reviendrons sur ce point essentiel dans la stratégie des antinucléaires et ses conséquences sur notre avenir énergétique.

Afin de répondre à ce besoin vital pour une vie et une économie moderne, la France s'est dotée d'un système de production et de transport de l'électricité dont les Français et, plus grave, les gouvernements ont oublié l'efficacité irréprochable. Laquelle tient à l'importance des moyens de production, mais aussi à leur caractère «*pilotable*», c'est-à-dire la possibilité de les mobiliser rapidement pour répondre à une pointe de consommation. Lors d'un hiver très froid, par exemple, qui va inciter les foyers et les entreprises à pousser leur chauffage.

Pour bien comprendre l'enjeu, il est nécessaire de rappeler quelques particularités du réseau électrique qui le rendent très fragile. Notamment le fait que la production doit s'adapter en temps réel à la demande ! Le principe de base essentiel est qu'en l'état actuel des technologies, on ne sait pas stocker en quantité suffisante l'électricité. Les deux plateaux de la balance se trouvent dans une relation d'équivalence : d'un côté, la consommation qui évolue selon les besoins en électricité des Français ; de l'autre, la production qui répond à cette demande en fonction des capacités industrielles. Les entrées et les sorties doivent s'équilibrer en permanence. Il faut donc pouvoir augmenter ou diminuer la production d'électricité avec une très grande rapidité.

Un tel pilotage est possible avec l'hydraulique. Avec les barrages, d'abord, dont la puissance installée atteint environ 25 GW. Via les réservoirs de pompage, aussi, qui font remonter, en heures creuses, l'eau à l'amont des turbines. Ils constituent, en l'état actuel des technologies, le meilleur et quasi seul moyen de stocker en grande quantité de l'énergie. Ainsi a été aménagé le barrage de Grand'Maison en Isère. Sans trop s'illusionner sur les vertus capacitaires de ce stockage : celui constitué par l'ensemble des STEP (Stations de transfert d'énergie par pompage) françaises ne représente que 0,1 TWh) alors que la consommation d'un seul jour d'hiver est de 1,5 TWh. Quinze fois plus ! C'est comme si vous n'aviez qu'une réserve d'un litre d'essence pour faire 150 km avec une voiture consommant 10 litres aux 100 ! On voit que les STEP ne peuvent servir qu'à amortir les pics de consommation de la journée en se remplissant pendant les heures creuses de la même journée. Un stock inter-saisonnier sérieux représenterait 10 jours de consommation, soit 15 TWh, c'est-à-dire 150 fois les stations de pompage françaises !

Si les centrales thermiques sont également pilotables – on peut relancer les turbines –, ce n'est pas possible avec les énergies renouvelables que sont l'éolien et le photovoltaïque, car elles sont intermittentes. Ainsi, quand le vent souffle, la production des éoliennes doit être immédiatement injectée sur le réseau… jusqu'à ce que le vent s'arrête. De même, l'électricité provenant des panneaux solaires n'est disponible que jusqu'à la tombée du jour… À ces moments qui peuvent survenir à tout instant, il faut que les pilotables prennent le relais immédiatement : hydraulique, nucléaire et si besoin fossiles. Les centrales fonctionnant avec des combustibles fossiles, charbon, fuel ou gaz, sont pilotables, mais elles émettent de 70 à 100 fois plus de gaz à effet de serre que le nucléaire ou l'hydraulique.

S'il y a un domaine où la souveraineté d'un pays est essentielle, c'est précisément celui de sa capacité de production électrique qui conditionne toute la vie courante. De ce point de vue, la France était bien dotée. À cet avantage s'ajoutait aussi un bienfait auquel, jusqu'à ce siècle, il n'était guère prêté attention : grâce à l'hydraulique, pour partie, et au nucléaire, surtout, le système français fournit une électricité presque totalement décarbonée. Un atout devenu essentiel dans la lutte contre le réchauffement climatique.

Contrairement à ce que tentent de faire croire les militants de l'écologie politique, la France n'a pas à rougir de sa situation carbone. Alors qu'elle reste la sixième puissance économique, ses émissions de gaz à effet de serre (GES) ont représenté, en 2019, 0,9% des émissions mondiales. Ce qui la place en position de leader des pays du G7 pour ses émissions par habitant et de co-leader, avec la Suède, des pays de l'Union européenne. De plus, ses émissions de gaz à effet de serre diminuent depuis près de quarante ans (-20%), mais la croissance économique se nourrit de toujours plus d'énergies. Avantage imputable à notre parc de production électrique qui constituait un patrimoine précieux. Faisons-en un très bref inventaire. Ne serait-ce que pour mieux mesurer l'ampleur de la trahison de ceux qui ne l'ont pas entretenu, voire qui l'ont sacrifié sur l'autel de l'électoralisme.

Le patrimoine hydroélectrique

Grand'Maison, Génissiat, Serre-Ponçon, Sarrans, Pragnères... Les noms des grandes centrales hydrauliques renvoient souvent à des images de lac bleu foncé au cœur des montagnes. Et pour cause. Grâce à ses nombreux massifs montagneux et depuis la fin du VGVe siècle, la France a développé une capacité de production d'hydroélectricité de 25,7 GWe, soit autant que 25 réacteurs nucléaires, et a représenté, en 2019, 13% de l'électricité totale du pays. Ce qui la place désormais au deuxième rang européen, derrière la Norvège.

L'avantage apporté par l'hydroélectricité est majeur. D'un pilotage facile et réactif, utilisant une eau quasi perpétuelle, cet or bleu est comptabilisé dans les énergies renouvelables, dont il représente 70% du total. Une aubaine pour les antinucléaires qui l'amalgament avec les renouvelables non pilotables que sont l'éolien et le photovoltaïque. Cela leur permet de présenter ceux-ci de façon très enjolivée : puisque la construction des barrages est amortie, le faible coût de l'hydraulique entre dans la moyenne des renouvelables et baisse d'autant le coût du vent et du soleil. Sans cette manipulation, leur comparaison en énergie produite avec le nucléaire serait encore plus défavorable.

Malgré tous ces atouts, les centrales hydrauliques ne peuvent plus guère être développées en France. La plupart des sites propices ont déjà été exploités. Considérable, l'impact social et environnemental de la construction d'un barrage est devenu inacceptable, au moins par les populations locales et directement concernées. Imagine-t-on des projets qui videraient de leurs habitants des villages entiers pour les noyer ? Il reste la mer et les marées, mais là aussi, les réticences s'amplifient et l'audacieuse centrale marémotrice de la Rance a montré les limites de cette énergie séduisante.

Depuis plusieurs années, la Commission européenne presse la France d'ouvrir à la concurrence la gestion de ces centrales hydrauliques principalement (à 85%) opérée, pour l'heure, par EDF. De droite, de gauche ou d'ailleurs, les gouvernements successifs ont louvoyé et le discours n'est plus vraiment à cette libéralisation du marché. Après la crise des Gilets jaunes et avec la pandémie de Covid-19, le dossier est en suspens. Puisse-t-il y rester ! Pour des raisons de souveraineté, de coût et de sécurité, il apparaît clairement que cette privatisation est inacceptable et qu'il n'est pas souhaitable d'introduire une logique de court terme, privée et spéculative, dans ce secteur stratégique. Les barrages sont une part du patrimoine national que rien ne justifie de sacrifier. Nous avons vu les conséquences désastreuses de la libéralisation du marché de l'électricité ; la priorité n'est pas d'en remettre une couche, mais de redonner à ce secteur productif des objectifs et des moyens assurant son avenir.

Nucléaire : un patrimoine scientifique

Le lien entre la France et l'énergie nucléaire est le plus ancien du monde. Il commence en 1939, lorsque Frédéric Joliot-Curie et Francis Perrin déposent trois brevets sur la possibilité de réactions atomiques en chaîne illimitée. Le troisième concerne la bombe atomique et sera classé secret Défense par Édouard Daladier, président du Conseil. Le premier s'intitule « *dispositif de production d'énergie* » et porte sur le nucléaire civil.

À la Libération, le général de Gaulle crée le Commissariat à l'énergie atomique (CEA), dont Frédéric Joliot-Curie sera le premier haut-commissaire. C'est lui qui supervise, en 1948, la construction à Fontenay-aux-Roses du premier réacteur nucléaire, la pile Zoé. Neuf ans plus tard, le premier réacteur électronucléaire européen est français. Pour fabriquer le plutonium à des fins militaires puis le combustible pour les centrales électronucléaires, plusieurs usines sont construites à Marcoule, la Hague, Pierrelatte ou Tricastin.

Aux premiers réacteurs UNGG (Uranium naturel graphite gaz) succèdent les réacteurs de deuxième génération à eau pressurisée (REP). Les physiciens, dont l'ingénieur du CEA

Georges Vendryes, développent expérimentalement les réacteurs à neutrons rapides (RNR) quatrième génération qui exploitent la surgénération. Cette surgénération multiplie par 100 l'efficacité d'utilisation de l'uranium. Le premier réacteur expérimental de quatrième génération, Rapsodie, diverge en 1967. Il sera le prédécesseur de Phénix à Marcoule qui fournira de l'électricité au réseau de 1973 à 2009.

Un patrimoine industriel et financier

Ces connaissances scientifiques et techniques constituaient un atout d'autant plus important que la France maîtrisait alors totalement la filière nucléaire : l'extraction de l'uranium, la fabrication des combustibles, la construction des réacteurs, la production, le retraitement du combustible irradié, le projet d'enfouissement sécurisé des déchets ultimes, et enfin la maîtrise de la quatrième génération. Les surgénérateurs, utilisant comme combustible l'essentiel des déchets retraités, fermaient le cycle de l'uranium ainsi que l'avaient génialement imaginé des physiciens français de renommée mondiale.

Bien engagé, le programme électronucléaire français est accéléré après la guerre du Kippour, en 1973, et les doubles chocs pétroliers de la même année qui aboutissent chaque fois au doublement du prix du baril de pétrole. Pour assurer l'indépendance énergétique du pays et préserver la forte croissance économique d'alors, le président de la République Georges Pompidou et son Premier ministre, Pierre Messmer, décident d'aller plus vite et plus fort. Résultat : entre 1977 et 1990, cinquante-quatre réacteurs, répartis sur dix-neuf sites, furent raccordés au réseau, un exploit unique et admiré dans le monde entier. En trente-trois ans, la production d'électricité nucléaire a été multipliée par trente. Elle représente 70% de l'ensemble de l'électricité fournie en France.

Avant l'arrêt de la centrale de Fessenheim décidé par François Hollande et réalisé par Emmanuel Macron, la France cumulait une puissance nucléaire installée de 63 GWe, produisant en moyenne 380 TWh par an. Fixée sous la pression de l'Europe à 42 € le MWh en 2010 (sans révision depuis), cette production correspond à 250 millions d'euros par GWe installés, soit un chiffre d'affaires de 16 milliards d'euros.

Un patrimoine climatique

« *Comme le souligne le Groupe d'experts intergouvernemental sur l'évolution du climat (GIEC), l'énergie nucléaire est l'énergie non intermittente qui émet le moins de CO_2. Pour produire 1 KWh, la centrale à charbon émet 1000 g de CO_2 lorsque la centrale nucléaire n'en émet que 6 g*[4]. » Soit plus de 100 fois moins ! C'est l'Élysée qui l'écrit dans le dossier qui accompagne le discours du président Macron au Creusot fin 2020. Une réalité qu'il faut rappeler avec insistance car les Français l'ignorent souvent. Selon un sondage BVA de 2019, pour 69% d'entre eux, le nucléaire émet des gaz à effet de serre et participe au réchauffement de la planète ; ils sont même 86% des jeunes de 18-24 ans à le penser. Serait-ce l'effet des colonnes de vapeur qui sortent des tours de refroidissement

4. Cf *www.elysee.fr*

des centrales nucléaires ? Elles ne sont pourtant porteuses ni de CO_2 ni de radioactivité, bien sûr.

L'image doit être combattue ! En vérité, les différentes études convergent sur l'avantage climatique du nucléaire. Selon les chiffres de l'ADEME, ses émissions par KWh sont les plus basses de tous les modes de production d'électricité (6 g). Loin du charbon (1000 g), certes, mais aussi du fioul (730 g), du gaz (443 g) et avant les renouvelables que sont le solaire (45 g), l'hydraulique et l'éolien terrestre (10 g).

L'électricité décarbonée produite par la France nous permet d'être à la première place des pays développés pour les émissions de CO_2 en tonnes par habitant : 4,32 tonnes ici contre 5,29 en Italie, 8,82 en Allemagne, 9,35 au Japon et 15,7 aux États-Unis et au Canada.

En matière d'atteinte à la biodiversité, une unité de production d'électricité est d'autant plus polluante que la surface nécessaire à son activité est grande. Or, pour fournir 500 TWh (environ la consommation française en une année), le nucléaire occupe 140 kilomètres carrés, les fossiles 350, le solaire 7000, l'éolien 42 000 et la biomasse 175 000 !

Pour contester ces chiffres favorables au nucléaire, ses opposants invoquent les rejets de gaz à effet de serre liés au « *cycle de vie* » des diverses technologies : la fabrication des composants, leur transport, la construction des installations, la mise à disposition du combustible, le démantèlement des installations. Et de rappeler qu'il faut 750 000 tonnes de béton pour construire une centrale nucléaire comme l'EPR de Flamanville contre 1500 tonnes pour une éolienne de 2 MWe. Sauf que sur sa durée de vie de 60 ans, l'EPR produira 700 TWh alors que, sur 25 ans, l'éolienne donnera

0,13 TWh. Une simple règle de trois permet de conclure qu'il faut dix fois plus de béton à l'éolienne pour fournir la même quantité d'électricité. Et donc dix fois plus de rejets de CO_2 engendrés par ce ciment. Les calculs sont en fait très compliqués, le ciment fabriqué en Chine étant plus polluant que celui fait en France, car fabriqué par une électricité issue du charbon. Et comment comptabiliser les rejets liés à l'extraction et au transport du cobalt congolais nécessaire aux panneaux solaires ?

Quoi qu'il en soit, les analyses d'un GIEC promoteur des énergies renouvelables donnent le nucléaire comme le moins émetteur de CO_2 (11 g pour produire 1 kWh) devant l'éolien (12 g), le solaire (48 g) et le charbon qui arrive loin derrière (820 g). Encore ces chiffres se rapportent-ils à la totalité du cycle de vie. Or, pour une large part, le rejet de CO_2 par les centrales nucléaires intervient lors de leur construction. Ainsi que le signale Rémy Prud'homme dans *Contrepoints*, « *fermer ces centrales pour les remplacer par des installations de renouvelables à construire, ce que veut faire le gouvernement, ne diminuera nullement ce* CO_2*-là*[5]. » « *Le nucléaire est beaucoup plus décarboné que les renouvelables* », conclut-il. Ce qui n'est même pas une provocation !

C'est cet immense patrimoine scientifique, technique, industriel, climatique, qui fut la cible du mouvement antinucléaire. Ce dernier porté, dès le début, par l'alliance contre-nature entre le mouvement environnementaliste et l'industrie charbonnière qui voyait dans le nucléaire un concurrent à combattre. Les gaziers ont repris

5. Rémy Prud'homme, « Le nucléaire est-il une énerbie décarbonée ? », *Contrepoints*, 19 juillet 2018.

le flambeau. Avec certains résultats. Ceux qui font que la France – et l'Europe – retrouvent le risque de « pannes de courant » qu'elles croyaient oubliées. Vous avez dit « *progrès* » ?

CHAPITRE 3

2020 : LA FIN DE LA SÉCURITÉ ÉLECTRIQUE

Ce n'est plus la production qui s'adapte à la consommation, mais la consommation qui suit la production. Vous accepterez bien quelques coupures !

À l'automne 2020, RTE, l'autorité gestionnaire du transport de l'électricité, annonce qu'en février 2021 la production d'électricité risque d'être insuffisante pour répondre à la demande si l'hiver venait à être froid. Seulement «*froid*», est-il bien précisé. Qu'en aurait-il été s'il avait atteint des températures aussi basses qu'en 2012 ?

« *C'est la faute à la Covid !* », affirme la ministre de la Transition écologique. En raison du confinement, la maintenance et la recharge en combustible des centrales nucléaires auraient été retardées, ce qui prive EDF de moyens de production. Antinucléaire notoire et assumée, Barbara Pompili en profite pour dénoncer la trop grande dépendance à l'égard du nucléaire et plaide pour le développement des énergies renouvelables. Ce faisant, elle tente de justifier la réduction de 70% à 50%

de la part du nucléaire dans le mix français telle que la prévoient la loi de transition énergétique et la croissance verte (LTECV) de 2015. Cette décision majeure n'a pas fait l'objet d'une étude d'impact technique et industrielle sérieuse. Elle est seulement justifiée par l'affirmation qui figure dans l'exposé des motifs selon laquelle « il ne faut pas mettre tous ses œufs dans le même panier ».

La ministre occulte le peu de fiabilité par un grand froid sans soleil et sans vent des énergies renouvelables intermittentes. Pas un mot sur le fait que fermer les deux réacteurs de Fessenheim revenait aussi à se priver d'une production précieuse de 1800 MWe, qu'il faut remplacer par celle de neuf cents éoliennes ! Pas une allusion à l'obligation de maintenir en fonction la centrale à charbon de Cordemais (Loire-Atlantique) d'une puissance de 1200 MW, soit les deux-tiers de Fessenheim. Elle devait fermer en 2022. Elle est prolongée pour au moins quatre à six ans. Ses rejets de CO_2 aussi !

Affirmer que le risque de coupures de courant tient à la Covid relève du mensonge, travers dont certains ministres de l'Environnement sont coutumiers ! Nicolas Hulot n'a-t-il pas reconnu tricher avec la vérité en annonçant que l'objectif de 50% de nucléaire dans la production totale d'électricité ne serait pas réalisable avant 2035, contre 2025 avancé par Ségolène Royal ? À un haut responsable institutionnel qui le lui faisait remarquer, il a répondu : « *Oui, c'est un mensonge, mais moins gros que celui de Ségolène !* » Barbara Pompili respecte la tradition.

La raison essentielle du risque de coupures en février 2021, comme durant l'hiver 2021-2022, tient à la baisse de 20% en dix ans des moyens de production pilotables d'électricité en France. Entre 2010 et 2020, ceux-ci ont diminué de 9700 MW officiellement, de 12 700 MW en réalité, la biomasse fournissant moitié moins que prévu. Dans un tel contexte, l'arrêt de Fessenheim est une erreur – une faute ! – seulement motivée par la volonté politique de satisfaire des alliés écologistes dont la priorité reste la sortie du nucléaire. Programmer dans le même temps la fermeture de capacités de production fossile, justifiée sur le plan climatique, revenait à fragiliser notre système électrique face aux demandes de pointe, se priver des 1800 MW de Fessenheim aggravait cette précarité. Il a fallu choisir, et le symbole politique l'a emporté sur la contradiction écologique. Il est vrai qu'avec une électricité décarbonée globalement à 97% grâce au nucléaire, ces centrales fossiles pèsent peu dans les rejets de gaz à effet de serre alors qu'elles sont très utiles pour maintenir, en cas de besoin, l'équilibre consommation-production. Les remplacer par des centrales au gaz n'a, par ailleurs, qu'un effet marginal sur le bilan carbone de la France, puisque produire 1 KWh d'électricité à partir de ce combustible émet encore soixante-dix fois plus de CO_2 que le nucléaire. Même si vendeurs de gaz et autres pétroliers reconvertis tentent de convaincre du contraire des antinucléaires qu'ils sponsorisent et utilisent via des alliances parfois surprenantes.

Plus qu'à la Covid, le risque de pénurie d'électricité incombe aux décisions prises sous les présidences de François Hollande et d'Emmanuel Macron durant lesquelles la présence et la pression des antinucléaires ont conduit à des choix irresponsables. Ils répondaient certes aux demandes du très puissant lobby des énergies renouvelables, mais se sont révélés doublement imprévoyants : sur la capacité à satisfaire à court terme des demandes de pointe et sur l'absence de préparation rigoureuse et sincère de l'avenir énergétique de la France. Fondées sur des mensonges de membres du gouvernement, de telles fautes de l'exécutif peuvent être considérées comme relevant de la Cour de justice de la République. D'autres ministres y ont été renvoyés pour des faits bien moins graves. Il s'agit ici de l'avenir du pays et de la sécurité des Français, indissociables de la garantie d'approvisionnement en électricité. Prétendre qu'un choix ruineux serait excusable en raison de ses motivations politiques n'est pas acceptable. C'est ainsi que la France s'est déclassée et endettée à des niveaux inconnus en temps de paix.

Spontanément, les Français ont tendance à mettre en cause EDF. Sauf que, contrairement à une idée reçue, la tâche de prévoir l'évolution de la demande d'électricité n'appartient pas à EDF, devenu un producteur parmi d'autres. Depuis la loi de février 2000, puis le transfert en 2007 de la compétence énergie du ministère de l'Industrie au ministère de l'Environnement, la responsabilité de la prévision et de l'équilibre du système électrique relève du ministère de la Transition écologique et solidaire, via la Direction générale de l'énergie et du climat (DGEC). Laquelle s'appuie sur les données prévisionnelles du gestionnaire du Réseau de transport de l'électricité (RTE). Ce binôme RTE-DGEC chapeaute le Centre national d'exploitation du système électrique (CNES) qui est devenu l'équilibriste in fine et en temps réel.

Nommé en 2012 directeur général de la DGEC par François Hollande, Laurent Michel est resté en poste sous

Emmanuel Macron bien que celui-ci eût annoncé qu'il changerait tous les directeurs généraux d'administration. Quant à la présidence du conseil de surveillance de RTE, elle a été confiée à Xavier Piechaczyk, ingénieur des travaux publics de l'État (TPE), conseiller Énergie de Jean-Marc Ayrault à Matignon, puis de François Hollande à l'Élysée. À son cabinet, il est entouré par Pauline Le Bertre, ancienne déléguée générale du Syndicat des énergies renouvelables, lobby toujours très présent ou influent dans les instances officielles. Xavier Piechaczyk a pris la suite, à la tête de RTE, de François Brottes, psychologue de formation, député socialiste de l'Isère pendant dix-huit ans. À l'Assemblée nationale, ce dernier s'est intéressé aux questions énergétiques, spécialement à l'électricité, et a présidé durant son dernier mandat la commission des Affaires économiques. C'est ainsi que cet ancien conseiller Énergie du candidat François Hollande va prolonger l'accord électoral passé pour les législatives de 2012 avec EELV. Déterminé à réduire la part du nucléaire dans le mix électrique pour en préparer la sortie, il « débride » les énergies renouvelables et se rapproche de son homologue allemand, au Bundestag, pour harmoniser le futur électrique. Il préside la commission spéciale sur le coût du nucléaire, destinée à plomber l'atout du prix du KWh nucléaire avec à la manœuvre Denis Baupin, député EELV. François Brottes préside aussi la commission spéciale qui élabore le texte destiné à engager la France vers la sortie du nucléaire : la loi de transition énergétique pour la croissance verte (LTEVC). Avec à ses côtés, tenant la plume, le conseiller Énergie du président de la République, Xavier Piechaczyk.

Pendant la préparation et la discussion du texte, il négocie avec la ministre de l'Environnement, Ségolène Royal, en charge du projet de loi, pour préparer sa nomination à la tête de RTE, dès septembre 2015. Cinq ans plus tard, Xavier Piechaczyk lui succède et François Brottes sera nommé à la Cour des comptes. Il y retrouvera à la fois une rémunération et des antinucléaires recasés eux aussi pour prolonger l'entrisme qu'ils pratiquent sans scrupule.

Ces nominations politiques ont rompu avec la tradition qui confiait ces lourdes et complexes responsabilités à des ingénieurs, anciens praticiens aux compétences scientifiques et techniques indiscutées.

Pour maintenir l'équilibre production-consommation d'électricité, ces autorités peuvent agir sur la première (relancer des centrales thermiques à flammes ou nucléaires ; accentuer la ressource hydraulique) ou freiner la seconde (couper l'alimentation des sites industriels rémunérés ; baisser la tension ; déclencher des coupures localisées et tournantes, comme l'a préconisé Madame Barbara Pompili à l'automne 2020). Il apparaît dès lors évident que le fameux équilibre dépend du caractère «*pilotable*» ou non des sources d'électricité.

Le binôme RTE-DGEC établit des projections de la consommation électrique sur plusieurs années afin de recommander au gouvernement le lancement de nouveaux moyens nécessaires pour garantir une production suffisante. Ces prévisions de RTE ne peuvent se fonder que sur les installations dont la production est prévisible, c'est-à-dire adaptable et disponible au moment voulu. Il s'agit des centrales thermiques fossiles ou nucléaires, et hydrauliques.

L'éolien et le solaire dépendant du vent et du soleil ne sauraient être pris en compte du fait de leur imprévisibilité. Pour les Allemands, seulement 1% de la puissance de toutes les éoliennes installées est prévisible et sûr le soir en hiver, c'est-à-dire au moment où surviennent les pointes de consommation. Il arrive même que ce soit moins, lorsque le vent manque en périodes anticycloniques, qui sont aussi des moments de froid intense poussant la consommation. Quant au solaire, inutile d'y compter les longues nuits d'hiver. Pourtant, pour ses prévisions, RTE retient une puissance éolienne au moins égale à 10%. Soit dix fois plus !

Par ailleurs, l'Autorité de sûreté nucléaire (ASN) et la Commission de régulation de l'énergie (CRE) imposent de conserver des capacités de production en réserve pour pallier en toute sécurité d'éventuelles déficiences techniques, dites génériques, des centrales. Ainsi de la pandémie et des précautions sanitaires qu'elle a exigées pour protéger les agents sur la maintenance et le rechargement en combustible des réacteurs. Or, RTE ne tient plus compte de cette injonction. Depuis cinq ans, ses bilans prévisionnels s'appuient sur des données fournies par l'ADEME reprenant elle-même celles de l'association antinucléaire, décroissante et militante, NégaWatt. Ils font donc apparaître des excédents de moyens de production et ils sous-estiment la consommation. EDF a donc proposé d'arrêter définitivement les centrales thermiques qui devenaient inutiles. Et RTE n'a pas demandé à la DGEC d'en conserver davantage, quitte à les mettre dans les réserves de capacité, ni de reporter la décision d'arrêter Fessenheim. Pour autant, RTE, alertant fin novembre 2021 sur les risques de coupures électriques durant l'hiver, impute au nucléaire l'insuffisance de capacité de production pour cause de maintenance, oubliant la fermeture de 12 700 MW qu'il a cautionnée.

Président-directeur général d'EDF, Jean-Bernard Lévy a été nommé par François Hollande, dont il est un ami d'enfance. Résigné à obéir à l'actionnaire majoritaire d'EDF qu'est l'État, il a déçu le personnel de l'entreprise voyant le joyau industriel français de l'énergie s'affaiblir de jour en jour. Son récent sursaut de courage et de patriotisme est le bienvenu.

Ainsi, dans les faits, c'est une association militante radicalement antinucléaire qui a déterminé pour une large part, et pour des décisions irréversibles, la politique énergétique de la France. C'est stupéfiant, pourtant tels sont devenus la situation et l'avenir d'un secteur stratégique et vital.

Résultat : les Français redécouvrent les risques de coupures de courant alors que celles-ci avaient pratiquement disparu des préoccupations du grand public. Et la question d'éventuelles défaillances des systèmes électriques en Europe et surtout en France réapparaît dans le débat public. En janvier 2021, France Stratégie a ainsi consacré une note d'analyse sur « *Quelle sécurité d'approvisionnement électrique en Europe à l'horizon 2030*[6] *?* » Cette étude montre les fortes incertitudes qui pèsent sur la production d'énergie dans l'Hexagone. De l'autre côté du Rhin, la Cour des comptes allemande s'inquiète pour les mêmes raisons.

Rappelons la situation prévue par la Stratégie nationale bas carbone (SNBC) et la Programmation pluriannuelle de

6. France Stratégie, *Quelle sécurité d'approvisionnement électrique en Europe à l'horizon 2030 ?*, Note publiée le 15 janvier 2021.

l'énergie (PPE) à moyen terme : la construction de centrales fonctionnant aux énergies fossiles est désormais interdite ; les centrales à charbon existantes doivent fermer au plus tard en 2022 ; la part du nucléaire dans le mix électrique doit descendre d'environ 70% aujourd'hui à 50% en 2035. Si les énergies renouvelables progressent comme prévu, la production d'électricité française s'annonce légèrement supérieure à la consommation jusqu'en 2025. En revanche, les marges deviennent de plus en plus insuffisantes et dangereuses avant 2030. La réalité a déjà rattrapé le rêve, puisque personne ne croit vraiment au mix énergétique annoncé, que la centrale à charbon de Cordemais est prolongée et que le président de la République lui-même comprend les oppositions à l'érection tous azimuts de mâts éoliens terrestres.

Sans construction de nouveaux moyens pilotables et/ou sans développement de flexibilités supplémentaires (expression technocratique désignant les baisses de consommation, acceptées par contrat d'effacement ou imposées par des coupures tournantes et autres délestages), la France sera contrainte d'acheter de l'électricité à ses voisins. Autrement dit, du courant allemand issu du charbon, du lignite et du gaz. À supposer que l'Allemagne en dispose suffisamment alors qu'elle a décidé l'arrêt de ses centrales nucléaires au plus tard à la fin 2022, réservant sa production avec lignite ou charbon à ses propres besoins, jusqu'à sa fin en 2038, avec les conséquences climatiques et sanitaires que l'on sait.

De fait, l'électricité manquera sur le vaste réseau interconnecté européen, l'étude de France Stratégie faisant apparaître des marges négatives dès 2030. Avec des disparités selon les pays observés. L'Espagne, l'Italie et la Suisse resteront en positif ; la France, l'Allemagne, la Belgique, le Royaume-Uni deviennent déficitaires, dès avant 2025, pour certains. C'est demain !

Conformément aux dispositions réglementaires, RTE mène ses études en intégrant les probabilités de manque d'électricité. Son critère retient une espérance de durée de défaillance de trois heures par an. Inchangé, malgré la baisse de puissances pilotables installées, ce critère constitue une fausse donnée qui vient s'ajouter à la sous-estimation des besoins futurs d'électricité. RTE n'en a pas moins détecté des situations de « *stress tests* » dont les conséquences pourraient être bien plus graves : une vague de froid longue, comme en 2012 ; des périodes sans vent ayant mis les éoliennes en quasi-arrêt, comme en janvier 2017 lorsque le parc éolien n'a produit que 1% de ses capacités ; l'indisponibilité imprévue de plusieurs réacteurs nucléaires. La combinaison d'aléas défavorables amplifie les risques, car la durée des pannes n'est pas proportionnelle à la baisse de puissance.

RTE annonce ainsi « *qu'il existe une chance sur vingt d'avoir près de trente heures de défaillance lors de l'hiver le plus contraint, en 2022-2023.* » Ce qui correspond sans doute à une longue période de froid et sans vent. Mais les conséquences économiques et sociales de trente heures de pannes sont plus graves que dix fois trois heures ! RTE n'est pas tenu de les évaluer. Dans sa dernière étude du 25 octobre 2021, RTE, afin de masquer cette fragilité et de répondre aux critiques, a recours à une subtilité technique qui ne trompe personne.

Pour faire face aux risques de coupures de courant, le gestionnaire du transport d'électricité dispose de mesures classiques : payer à grands frais certains industriels pour qu'ils réduisent le fonctionnement de leurs usines (un appel d'offres pour 2021 fixe le prix de l'ajustement à 60 € le MWh, alors qu'EDF le vend à 42 €, soit presque 30% moins cher) ; abaisser la tension du courant livré ; procéder, si cela ne suffit pas, à des coupures d'électricité tournantes. À cet effet, les régulateurs nationaux de l'Union européenne sont priés de calculer « *le coût du kWh non distribué* » (en anglais, « *value of lost load, VoLL* »). Autrement dit ce que le consommateur est prêt à payer pour éviter une interruption de deux minutes, d'une heure, de quatre heures, de vingt-quatre heures, un dimanche ou dans la semaine, en été ou en hiver. Ou les dédommagements qu'il entend réclamer pour les mêmes coupures.

En France, RTE aboutit au résultat suivant : alors que le coût réel moyen (tel que relevé dans l'enquête) d'une coupure d'une heure se monte à 25 €, les ménages seraient prêts à payer 17 € seulement pour l'éviter. Ils demanderaient 49 € aux gestionnaires de réseau en contrepartie d'un effacement volontaire. Grâce aux compteurs intelligents, les distributeurs pourront « *jouer* » sur l'alimentation de millions de consommateurs en fonction des contrats différents qu'ils auront souscrits. Soit payer plus cher pour garder son courant, soit être indemnisé d'une coupure acceptée. Pour l'Union européenne, il s'agit d'optimiser sa politique énergétique. Cela revient aussi à introduire le prix du marché dans les ménages et à banaliser les interruptions d'électricité. Lorsque le vent ou le soleil viennent à manquer.

Cette politique « *d'effacement* » implique deux changements profonds quant à l'accès à l'électricité, bien de consommation devenu essentiel : d'une part, le prix du KWh ; d'autre part, une fourniture répondant aux besoins, quels qu'ils soient. Pour les tarifs, nous avons vu dans le premier chapitre ce point crucial qu'est l'explosion des prix à certains moments et, plus globalement, la hausse vertigineuse du budget électricité-énergie pour les ménages et les entreprises. Quant aux aléas de la fourniture d'électricité, c'est un retour en arrière difficilement imaginable et dont rien ne dit qu'ils seront acceptés par les Français. Ces changements illustrent en tout cas les conséquences inéluctables de la vision idéologique de la transition écologique portée par la Stratégie nationale bas carbone et la Programmation pluriannuelle de l'énergie. Elles ouvrent en catimini les portes d'un monde de pénurie. Ce qui favorisera les riches et pénalisera les pauvres, comme chacun sait.

En effet, pour rendre crédible leur fantasme antinucléaire, les écologistes sont prêts à tout imaginer, y compris des technologies qui n'en sont qu'à leurs balbutiements. Ministre de la Transition écologique, Barbara Pompili a convoqué le ban et l'arrière-ban pour se réjouir du rapport sur le scénario 100% énergies renouvelables demandé au gestionnaire de Réseau de transport d'électricité (RTE) et à l'Agence internationale de l'énergie (AIE). Remis le 27 janvier 2021, le document étudie l'hypothèse d'un système électrique qui ne serait fondé que sur les énergies renouvelables, ainsi qu'il le lui a été demandé. Mais il précise que quatre conditions cumulatives s'imposent pour le faire fonctionner : compenser la variabilité des énergies éoliennes et solaires et développer des techniques de stockage ; maintenir la stabilité du réseau ; reconstituer des réserves considérables et des marges d'approvisionnement ; faire évoluer considérablement le réseau électrique, c'est-à-dire construire des milliers de kilomètres de nouvelles lignes électriques pour intégrer des productions plus diffuses sur le territoire. « *Ces conditions sont strictes et cumulatives,* insiste le président du directoire de RTE, Xavier Piechaczyk. *Il faut toutes les remplir pour que ce soit gérable*[7]. »

Les auteurs reconnaissent qu'une partie des solutions présentées dans le rapport en sont encore au stade du prototype ou n'ont jamais été expérimentées à grande échelle. Qu'importe ! Barbara Pompili exulte : « *Jamais l'option du 100% renouvelable n'avait été à ce point approfondie ; la plus haute autorité mondiale de l'énergie dit que c'est techniquement possible.* » Elle ne s'attarde ni sur les conditions, ni sur la supportabilité financière, ni sur l'acceptabilité sociétale de l'intermittence demandée aux consommateurs. Elle ne rappelle pas non plus que ce rapport avait été commandé par sa prédécesseure, Élisabeth Borne, ex-directrice de cabinet de Ségolène Royal, qui entendait ainsi compenser la feuille de route sollicitée par le gouvernement auprès d'EDF sur la construction de six réacteurs de type EPR. L'utopie des énergies renouvelables pour faire passer un peu de nucléaire ! Le « en même temps » toujours...

Les Français, eux, risquent de renouer avec « *l'ancien monde* », celui des coupures d'électricité dont les plus âgés d'entre nous se souviennent... Sauf qu'aujourd'hui, le courant

---

7. Xavier Piechaczyk, cité dans « La longue marche de la France pour atteindre 100% d'énergies renouvelables », *Le Monde*, 27 janvier 2021.

est partout, pour tout et pour tous. Ce qui rendrait plus catastrophique un black-out, comme celui que la France a connu le 19 décembre 1978 : les trains et métros qui s'arrêtent, les ascenseurs bloqués, le noir partout à l'intérieur comme à l'extérieur, les pompes en tous genres, notamment pour le refoulement des eaux d'égouts, en stand-by… sans évoquer les super-congélateurs, destinés à conserver les vaccins à ARN anti-Covid. Il y aurait des dégâts sanitaires et économiques très lourds et, sans doute, des morts.

Nous verrons dans les chapitres suivants comment la France en est arrivée là. Mais une chose est pourtant évidente : c'est la France elle-même qui, en moins de dix ans, a dégradé son patrimoine électrique nucléaire et n'a pas préparé scientifiquement, c'est-à-dire sérieusement et honnêtement, son avenir énergétique. De la première place dans le monde, nous avons rétrogradé sévèrement – et peut-être de façon irréversible – sur l'énergie et le climat. Les nominations politiques et de non-praticiens de l'énergie à la tête des autorités de régulation ont depuis dix ans ouvert les vannes au politiquement correct dans un domaine où, comme jadis, seules les compétences et l'expérience pratique auraient dû prévaloir. Au passage, notons que ces nominations ont été l'occasion de bénéficier d'importantes rémunérations pour ces heureux nominés (de 200 000 € à 500 000 € par an). Entre militantisme, carriérisme et hauts revenus assurés, quelle place pouvait-il rester à la rigueur, à l'objectivité et à l'indépendance ?

CHAPITRE 4
DE PROMÉTHÉE À FRANKENSTEIN

L'énergie nucléaire fait peur. C'est pourtant l'une des plus sûres. Et l'une des plus contrôlées. À commencer par ses déchets.

Les ingénieurs du nucléaire – et les politiques décidant de la construction des centrales – auraient-ils dû prendre des cours de communication ? Alors que l'amalgame de l'atome civil et de l'atome militaire suscitait l'effroi, les artisans de la filière française n'ont pas su répondre aux questions angoissées des citoyens. Ou ont donné des réponses trop techniques pour convaincre là où les opposants usaient des ressorts de la peur. Or, deux inquiétudes principales ont accompagné le développement du nucléaire : la sûreté des installations, la gestion des déchets. Elles restent encore très fortes. Selon le sondage régulier commandé par EDF, près de la moitié des Français (49%) pensent que le risque d'accident continue à peser sur l'image du nucléaire ; pour 73% d'entre eux, le problème des déchets reste un argument défavorable à cette énergie. Si la méfiance sur la sécurité baisse (-6%), celle sur le recyclage des produits radioactifs reste au même haut niveau. Un sondage Odoxa de mars 2021 traduit un changement positif : 6 Français sur 10 se déclarent favorables au nucléaire ; 47% le voient comme une « opportunité », mais 50% le perçoivent encore comme une « menace » pour l'environnement. C'est mieux, mais pas question de balayer d'un revers de la main les interrogations sur cette énergie.

Les experts avancent des statistiques qui se veulent probantes. Si l'on compare les risques humains engendrés par les diverses techniques de production d'énergies, le nucléaire est de très loin la moins meurtrière. Une étude (*Why nuclear energy is sustainable and has to be part of the energy mix*), publiée dans la revue *SM&T* d'Elsevier, a établi en 2014 les chiffres de la mortalité liée à différentes sources d'énergie à partir de données fournies par l'Organisation mondiale de la santé. D'après celle-ci, le nucléaire ne causerait pas plus de 0,04 mort par milliard de kWh produits. C'est-à-dire 3,75 fois moins que l'éolien, 11 fois moins que le solaire posé sur un toit, 35 fois moins que l'hydraulique, 100 fois moins que le gaz naturel, 600 fois moins que la biomasse, 900 fois moins que le pétrole et 2500 fois moins que le charbon...

Des études pointues sur la sécurité de certains lieux font dire aux spécialistes qu'il vaut mieux vivre auprès de la centrale de Gravelines que sur le port de Dunkerque : sa construction a prévu des pare-feu pour la protéger d'éventuelles explosions des carburants manipulés par les pétroliers déchargeant sur les quais. De même était-il plus sûr d'habiter près d'une centrale nucléaire placée en amont d'un barrage qu'au pied dudit barrage. Les calculs de risques ont justement conduit à envisager le pire des scénarios avant de décider de l'installation de réacteurs nucléaires.

La radioactivité est d'ailleurs plus élevée à proximité immédiate d'une centrale à charbon que d'une centrale nucléaire, en raison des milliers de tonnes de cendres.

Rien n'y fait. L'énergie nucléaire reste associée au danger de mort et donne le sentiment que les scientifiques ont ouvert avec elle une boîte de Pandore d'où peut sortir le diable qui va engloutir l'humanité. Il est vrai que la prise de conscience collective de la puissance atomique s'est faite au travers d'événements dramatiques. Ce fut lorsque, les 6 et 9 août 1945, deux bombes atomiques sont larguées sur Hiroshima et Nagasaki, faisant de 103 000 à 200 000 morts (estimation rendue difficile par la disparition des corps brûlés), sans compter les centaines de cas de cancers et autres maladies qui ont suivi les irradiations. L'utilisation de la fission nucléaire à des fins militaires a contribué à mettre un terme à la Seconde Guerre mondiale. Mais les conséquences effrayantes de ces bombardements ont réveillé à juste titre les terreurs les plus ancestrales. L'Apocalypse sortait de la Bible pour devenir réalité.

L'homme détenait un moyen pour s'anéantir lui-même. L'esprit critique lui étant consubstantiel, nombreux furent ceux qui éprouvèrent un fort ressentiment à l'encontre du nucléaire, à commencer par certains scientifiques qui avaient contribué à la mise au point de la bombe A. Comme si l'instrument pouvait échapper à son créateur, le marteau frapper indépendamment du maître. En donnant le feu atomique aux humains, Prométhée ouvrait la voie à Frankenstein. Aujourd'hui, avec le dérèglement climatique, l'incertitude qui pèse sur l'avenir de l'humanité, c'est le feu de la combustion des énergies fossiles qui nous menace.

Et l'énergie nucléaire est devenue l'un des moyens les plus efficaces pour s'en protéger.

L'utilisation des capacités énergétiques énormes de la fission nucléaire s'est développée avec le nucléaire civil afin de produire de l'électricité. Un gramme d'uranium contient théoriquement autant d'énergie qu'une tonne et demie de pétrole, deux tonnes et demie de charbon et mille mètres cubes de gaz naturel. C'est pourquoi la fission contrôlée d'atomes d'uranium dégage de très grandes quantités de chaleur. Celle-ci produit de la vapeur, qui fait tourner des turbines, qui produisent de l'électricité. Dans les réacteurs nucléaires, le combustible n'a rien de commun avec celui d'une bombe atomique et le risque qu'une explosion semblable s'y produise n'existe pas. D'autres risques sont réels et exigent une rigueur permanente et sur toute la chaîne, mais pas celui-là. Et ils sont maîtrisés, y compris pour ce qui concerne les déchets. Encore faut-il parvenir à rassurer une opinion dont les connaissances scientifiques restent souvent faibles et soumises au feu continu de fake news et de l'instrumentalisation des peurs.

Qu'un accident survienne et tous les efforts d'explications sont à recommencer. Ce fut d'abord Three Miles Island aux États-Unis, en 1979. Une surchauffe conduit à la fusion des assemblages de combustibles à la suite d'une succession d'erreurs de conception, de fautes humaines et de pannes matérielles. Mais l'enceinte du réacteur tient, contenant la grande majorité des radiations. La catastrophe sanitaire et environnementale est évitée. Selon l'UNSCEAR, émanation de l'ONU, l'accident ne fit aucun mort. Mais il suscita une très vaste émotion et une grande peur.

En 1986, c'est Tchernobyl et la fusion du cœur de la centrale qui libère cette fois d'importantes quantités d'éléments radioactifs dans l'atmosphère. Les conséquences sanitaires, environnementales, économiques sont considérables. Les polémiques infondées accentuent la méfiance.

Classée au même degré de gravité (niveau 7) que Tchernobyl, l'accident nucléaire de Fukushima fait suite à un tsunami déclenché par un séisme majeur de degré 7,1 sur l'échelle de Richter, le 11 mars 2011. L'arrêt des systèmes de refroidissement à la suite de son inondation par le tsunami a entraîné, là aussi, la fusion du cœur de trois réacteurs, puis d'importants rejets radioactifs. Évacuées, les populations échappent à des radiations excessives et les 22 500 victimes recensées proviennent du tsunami. Mais les conséquences environnementales et économiques restent majeures.

Après chacun de ces accidents, les autorités mondiales et nationales de sûreté nucléaire tirent les leçons des défaillances techniques ou humaines qui les ont provoqués. En France, l'Autorité de sûreté nucléaire a contrôlé toutes les centrales et imposé de lourds travaux pour satisfaire au renforcement des normes, intégrés au programme dit de Grand carénage estimé à 50 milliards d'euros, programme destiné à la prolongation de vie des réacteurs. Au regard d'autres installations industrielles, notamment celles classées de type Seveso, les équipements nucléaires sont les plus sûrs et les plus sécurisés.

Côté déchets, une comparaison avec d'autres activités est loin d'être défavorable au nucléaire. Environ 2 kg de déchets radioactifs, dont 1,4 kg d'origine électronucléaire, sont produits par habitant et par an en France. Parmi eux, seulement quelques grammes (5 g) sont classés déchets à haute activité et vie longue (HA-VL), mais ils sont responsables à eux seuls de 96% de la radioactivité globale. Dans le même temps, toujours par habitant, sont produits 2500 kg de déchets industriels et 360 kg de déchets ménagers. Sans oublier les 4900 kg d'émission de CO_2 et autres gaz à effet de serre dans l'atmosphère.

Si l'on veut prendre une image du volume des déchets, on dira qu'en 1998, dans l'Union européenne, les déchets nucléaires à haute activité (150 m^3) tiennent dans un cube de 5,5 m de côté, le total des déchets nucléaires (80 000 m^3), y compris ceux à faible activité, dans un cube de moins de 45 m de côté, les déchets industriels toxiques (10 millions de m^3) dans un cube de 215 m de côté et tous les déchets industriels (1 milliard de m^3) dans un cube de 1 km de côté. Aujourd'hui, les déchets français de haute et moyenne activité et de vie longue représentent un volume total équivalent à celui d'une piscine olympique.

Les gestions des déchets industriels toxiques et des déchets nucléaires à court ou long terme sont difficilement comparables et on peut observer des cas d'intoxication graves au plomb ou au mercure, même dans les pays développés, alors que dans ces mêmes pays, on n'a jamais rapporté de cas d'exposition aux rayonnements ayant entraîné des conséquences significatives pour le public du fait de la gestion des combustibles usés ou des déchets de retraitement.

Si tous les déchets industriels et ménagers étaient traités comme le sont les déchets radioactifs, notre planète et notre atmosphère seraient propres ! En France, la gestion et la conservation des déchets radioactifs artificiels dans des « entreposages » est de la responsabilité exclusive de leurs producteurs, jusqu'à ce qu'ils aient été contrôlés et acceptés par une agence de l'État (l'ANDRA), en vue d'un stockage définitif. Ils ne sont donc jamais dans le domaine public et au contact de la population, qui est parfaitement protégée. Leur gestion implique par ailleurs une surveillance très rigoureuse, dans des conteneurs et moyens de transport adaptés et agréés par l'Autorité de sûreté nucléaire (ASN), la santé des travailleurs du nucléaire ne souffrant d'aucun relâchement.

Cette gestion est très encadrée par le législateur (lois de 1991, de 2006 et 2016). Les producteurs de déchets sont tenus d'alimenter de toutes les informations nécessaires (contenu radiologique détaillé, composition physique et chimique) un Inventaire national sous la responsabilité de l'ANDRA. En outre, celle-ci doit, avec une périodicité de cinq ans, définir un Plan national de gestion des matières et déchets radioactifs (PNGMDR), en concertation étroite avec les producteurs de déchets et sous la surveillance de l'ASN, Plan soumis au débat public avant adoption par la puissance publique. L'ensemble de ces documents est public et consultable sur Internet.

Aussi longtemps qu'ils restent confinés sous terre, dans le site de stockage géologique, les déchets nucléaires ne présentent aucun danger pour le public. C'est la contamination des eaux superficielles par des radionucléides à vie longue qui peut constituer un risque pour le futur. Pour qu'une telle contamination se produise, il faut :

- d'abord que les conteneurs des déchets soient endommagés par une corrosion aqueuse, un processus qui devrait durer au moins 10 000 ans ;
- que des éléments radioactifs soient progressivement dissous dans l'eau. Pour ceux contenus dans les verres,

ce processus durerait plusieurs centaines de milliers d'années. Certains éléments comme le plutonium et l'américium sont d'ailleurs très peu solubles dans l'eau, ce qui étale dans le temps le processus de dissolution ;

- que des éléments radioactifs soient transportés par l'eau hors de la couche géologique de stockage. Dans l'argile, cela a lieu par un processus de diffusion qui est très lent. Typiquement pour un site comme celui de Bure (Meuse), ce processus durerait entre quelques centaines de milliers d'années pour les éléments les plus mobiles (iode 129, technétium 99, niobum 94, chlore 36) et beaucoup plus pour les moins mobiles (plutonium, uranium) ;
- que des éléments radioactifs passent dans la nappe phréatique de surface, ce qui est assez rapide en comparaison avec les processus précédents. À ce stade, les radionucléides les plus radioactifs, césium 137, strontium 90 et les principaux actinides (plutonium, américium et curium), auront disparu depuis longtemps ! Le neptunium lui-même, très faiblement radioactif, est très peu soluble dans les eaux souterraines et peu mobile. Une faible couche d'argile de quelques mètres d'épaisseur suffirait à ce qu'il ne puisse jamais revenir en surface. Or la couche d'argile du site de l'Est de la France a 150 m d'épaisseur ! Pratiquement, seuls l'iode 129 et le chlore 36, très peu radiotoxiques, devraient se retrouver dans les nappes phréatiques en liaison avec le site de stockage après quelques centaines de milliers d'années.

Il est important de rappeler que la quantité de déchets finaux à stocker dépend aussi et surtout de la conception que l'on a de l'avenir de la filière nucléaire. Si l'on adopte le scénario de sortie du nucléaire défendu par l'écologie politique, cela signifie que la totalité des combustibles usés peuvent être considérés comme des déchets et qu'il faudra les stocker en couche géologique profonde. En revanche, si l'on opte pour un nucléaire durable reposant sur l'utilisation future des réacteurs surgénérateurs, aussi bien l'uranium de retraitement que le plutonium doivent être considérés comme des ressources. Dès lors, la quantité de déchets à haute activité et vie longue (HA-VL) destinés au stockage géologique est réduite à environ une tonne par an.

Suivre le slogan simpliste de ceux qui veulent « Sortir du nucléaire » imposerait donc de gérer une quantité de déchets à haute activité et vie longue (HA-VL) trente fois plus importante que si la France s'engage pour un nucléaire durable. Abandonner l'énergie atomique exigerait aussi de prendre rapidement la décision du stockage géologique puisque cela impliquerait la disparition assez rapide des compétences nucléaires qui assurent, actuellement, la sûreté des entreposages. Une telle disparition est déjà observable dans un pays comme l'Italie. Contrairement à ce qui s'est passé en Allemagne et en Belgique, une décision de ce genre ne saurait donc être prise avant que le stockage géologique ne soit assuré. Réclamer la sortie du nucléaire et s'opposer à la réalisation d'un site de stockage géologique est incohérent, irresponsable et démagogique.

Le pire n'étant jamais sûr, la loi a imposé que l'enfouissement des déchets à Bure soit « réversible » afin que de nouvelles techniques puissent leur être appliquées si elles réduisent la durée du danger radioactif. Prix Nobel de physique en 2018, Gérard Mourou défend la technique dite de la « transmutation » par laser qui ferait passer la durée de vie des principaux déchets radioactifs de plusieurs millions d'années à quelques décennies. Des problèmes restent à résoudre et l'intérêt de cette technique coûteuse reste limité si le plutonium en est exclu afin de servir de combustible aux réacteurs de quatrième génération. En tout état de cause, la recherche et les progrès ne peuvent que contribuer à résoudre cette question sensible.

Si les antinucléaires insistent lourdement sur la question des déchets radioactifs, ils manifestent une discrétion fuyante sur le démantèlement des éoliennes. Or, il y a de quoi s'interroger ! D'une durée de vie d'une vingtaine d'années, de nombreux mâts et pales doivent être démontés. En Allemagne, la fin des subventions décidée pour 2020 multiplie les déchets à traiter. D'ici à 2025, 14 000 éoliennes devront être défaites, dont 5600 à partir de janvier 2021. Une masse évaluée à 16 000 tonnes par an. Mais il n'existe pas de solution « écologique » pour recycler ces énormes quantités de matériaux. Sur son site Internet, dès juin 2018, Veolia reconnaissait les difficultés de ces démantèlements : « *Les premiers démantèlements ont révélé une complication inattendue : la conception des éoliennes n'est pas toujours écologique. Les pales en particulier posent problème. Elles sont fabriquées avec des fibres de verre (pour les plus anciennes) ou des fibres de carbone (pour les plus récentes). Ces matériaux composites ont l'avantage de rendre les pales à la fois légères et résistantes, mais s'avèrent difficiles, voire impossibles à recycler*[8]. »

---

8. « Comment recycler les pales des éoliennes ? », *Living Circular*, Veolia, 7 juin 2018, *livingcircular.veolia.com/fr/industrie/comment-recycler-les-pales-des-eoliennes*

Pour les pales en fibre de verre, Veolia évoque « *une solution innovante* ». Et d'expliquer que « *broyées et mélangées à d'autres composants, elles deviennent un excellent combustible solide dans l'industrie du ciment, remplaçant les carburants fossiles traditionnellement utilisés, comme le mazout.* » Sauf que cette combustion rejette des poussières extrêmement dangereuses pour la santé, semblables à celles de l'amiante et potentiellement cancérigènes.

Ne reste donc comme solution que l'enfouissement ! Ce qui donne lieu à d'étranges cimetières : découpées en morceaux, les pales sont placées les unes contre les autres à plusieurs mètres sous terre. Comme dans une fosse commune ! « *Elles resteront là pour toujours* », se désole le représentant de Veolia aux États-Unis chargé de recycler les éoliennes installées par l'entreprise française. L'Allemagne, l'Autriche, les Pays-Bas et la Finlande ont interdit ces enterrements qui échappent à tout vrai contrôle. Il se dit aussi que ces hélices sectionnées se retrouvent dans des décharges en Afrique... Il reste encore beaucoup d'incertitudes avant que les pales, comme l'annoncent certains promoteurs, soient fabriquées avec des matériaux recyclables.

Que faire par ailleurs des tonnes de béton nécessaires pour fixer en terre ces mâts monstrueux ? Pour une éolienne moyenne, le socle nécessite de 157 tonnes de béton, s'il est léger, à 1120 tonnes s'il est lourd. Masse qui s'ajoute à une ossature en fer d'environ 50 tonnes. Outre le rejet de CO_2 imposé par la fabrication de ce ciment et son transport, son maintien en terre pose problème. D'autant que ces bases ne peuvent être réutilisées pour implanter des éoliennes plus hautes. Après utilisation, un arrêté prévoit en France un arasement d'un mètre au moins de ces socles, mais il en reste un cylindre de quinze à vingt mètres de diamètre et de deux à trois mètres de hauteur. Pour éviter d'avoir à raboter, certains promoteurs enfoncent d'emblée les socles d'un mètre !

Quant au coût du démantèlement, il est théoriquement à la charge du promoteur. La loi française prévoit que celui-ci doit provisionner 50 000 € par mât en vue de sa désinstallation en fin de vie. Une somme notoirement insuffisante. En 2014, le département de l'Aisne estimait à 414 000 € le démantèlement d'un aérogénérateur de 150 m de haut. Aujourd'hui, il en coûte autour de 450 000 €. En cas de faillite – toujours à craindre – du promoteur, il revient au propriétaire du terrain d'assumer ces frais et il est alors trop tard pour se plaindre de l'arnaque. Lui-même pouvant se déclarer en faillite, la charge finale revient à l'État, donc au contribuable. En Californie, plus de 14 000 éoliennes rouillées sont abandonnées sur place, dressant leurs bras métalliques décharnés dans un ciel de fin du monde.

Déchets minutieusement suivis d'un côté, laissés à l'abandon, là. Une comparaison sérieuse et exhaustive mériterait d'être menée au lieu et place des anathèmes lancés contre le nucléaire. Et les pouvoirs publics s'exposent à tourner en rond si des décisions ne sont pas rapidement prises sur l'avenir de ce dernier en France. Sortir de l'atome, et les capacités de gestion des déchets arriveront à saturation bientôt. Relancer les surgénérateurs réduirait les difficultés par trente, en plus de nous assurer une totale indépendance énergétique. Ne pas bouger, c'est cumuler les problèmes. Si l'approche de l'élection présidentielle invite à des déclarations répondant aux réalités et à l'évolution de l'opinion publique, elle ne pousse guère à des décisions clivantes, tout au moins les candidats doivent-ils dire ce qu'ils feraient en la matière une fois élus. Le « en même temps » n'est pas acceptable quand l'intérêt de la nation est en jeu. Quitte à affronter les nouveaux fanatiques de l'Apocalypse...

CHAPITRE 5

UN SABOTAGE MÉTHODIQUE

Les antinucléaires bataillent depuis longtemps. En usant de méthodes spectaculaires, voire illégales. Non sans succès.

Concrétisation de ce patrimoine scientifique et industriel, la filière nucléaire française a été longtemps une fierté nationale. Elle attirait des ingénieurs, des techniciens, des ouvriers au savoir-faire précieux et reconnu. Avec ses 220 000 salariés, soit 6,7% de l'emploi industriel, elle reste essentielle. Une résistance méritoire tant le nucléaire subit des attaques frontales ou masquées depuis quarante-trois ans.

La première déconvenue qu'a connue le développement du parc a été l'opposition locale, relayée puissamment par la mouvance antinucléaire, à la construction d'une centrale sur 67 hectares de landes à Plogoff dans le Finistère. De 1978 à 1981, la population locale mène le combat contre le projet. Avec le Larzac, l'écologie politique naissante teste là ses méthodes : occupations, manifestations, mises en scène susceptibles d'intéresser les médias, dont la télévision en pleine expansion. Des violences eurent lieu, obligeant le pouvoir à mobiliser sept unités de CRS !

La contestation aboutit, les Bretons faisant une nouvelle fois échec aux grands projets des Trente Glorieuses. Pour les autoroutes, de Gaulle accepta l'exception et la Bretagne eut son réseau de deux fois deux voies gratuites. Pour l'électricité, c'est le candidat à l'élection présidentielle François Mitterrand qui, lors de son meeting à Brest le 9 avril 1981, promet que Plogoff « *ne figure ni ne figurera pas* » dans son programme nucléaire. Ce que confirme le conseil des ministres du gouvernement Mauroy, le 3 juin suivant. Les antinucléaires ont gagné leur bataille « *des pierres contre des fusils* ». Quitte à ce que la Bretagne garde ses très polluantes centrales à charbon, dont celle de Cordemais qui devait fermer en 2022 mais se voit prolongée de quatre à six ans. Pour cause de fermeture de Fessenheim ! Des tensions sont à attendre lors des prochains hivers dans le Grand Ouest et EDF a renoncé à son projet Ecocombust qui visait à reconvertir la centrale dans la combustion des résidus de taille, d'élagage et de bois d'ameublement. Il n'était pas assez rentable.

Le deuxième succès des antinucléaires a été la fermeture de la centrale de Creys-Malville et de son réacteur de quatrième génération Superphénix en 1997. La France disposait alors d'une importante avance sur la plupart des pays nucléarisés. La quatrième génération est la clé de voûte de la filière nucléaire. En effet, pouvant utiliser comme combustible une plus grande partie des déchets produits par les réacteurs de générations antérieures, les réacteurs à neutrons rapides (RNR) qui constituent cette quatrième génération ferment le cycle de l'uranium en réduisant considérablement les déchets « ultimes » de haute activité et longue vie.

Dès le choix du site, des oppositions s'élèvent. Celle des mouvements antinucléaires sera violente, notamment en juillet 1977, lorsque de 20 000 à 40 000 manifestants venus de toute la France et d'Europe se heurtent aux forces de l'ordre. Un manifestant est tué et un policier a la main arrachée. En 1982, le chantier de la centrale est visé par une attaque au lance-roquettes. Des marches, manifestations, recours judiciaires se poursuivent dans les années quatre-vingt et quatre-vingt-dix.

Lors de son discours de politique générale devant l'Assemblée nationale, le 17 juin 1997, Lionel Jospin annonce que « *le surgénérateur que l'on appelle Superphénix sera abandonné.* » Pour le Premier ministre socialiste, « *l'industrie nucléaire ne doit pas poursuivre des projets dont le coût est excessif et la réussite très aléatoire.* » En fait, ainsi que l'a affirmé le conseiller général et maire de Morestel (Isère), « *Superphénix doit mourir parce qu'à la suite d'une dissolution hasardeuse, le Parti socialiste, qui a remporté les élections législatives anticipées, s'est retrouvé "coincé" dans les mailles d'une alliance passée à la* "va-vite" *avec les Verts. Ceux-ci, pour prix de leur ralliement, ont eu deux exigences : le canal Rhin-Rhône et Creys-Malville. Tout le reste n'est que littérature dans un théâtre d'hypocrisie.* » Les Verts participeront par ailleurs aux gouvernements Jospin : Dominique Voynet sera ministre de l'Aménagement du territoire et de l'Environnement de 1997 à 2001, remplacée par Yves Cochet jusqu'en 2002 ; Guy Hascoët devient secrétaire d'État à l'Économie solidaire de 2000 à 2002.

En 2002, il y a les apparences : malgré les gages donnés par Lionel Jospin, Les Verts présentent un candidat contre lui à la présidentielle. Il y a la réalité : cette candidature se veut « à côté » de celle du Premier ministre sortant, lequel souhaite ratisser le plus large possible au premier tour pour mieux rassembler au second face à un Jacques Chirac qui ne dispose pas de réserves électorales. Les jospinistes sont si sûrs d'eux qu'ils demandent à Dominique Voynet d'opérer le remplacement du candidat élu par les militants Verts, Alain Lipietz, au motif qu'il ne récolterait pas suffisamment de voix pour les rabattre au second tour sur Lionel Jospin. Lipietz a donc été brutalement débranché et l'opération Noël Mamère a été lancée, avec succès d'ailleurs. Pour lui, mais au détriment de Jospin, qui se brûla pour avoir trop joué avec le feu. Qu'importe ? L'alliance entre les socialistes et les Verts reste la clé du succès. L'Élysée vaut bien une centrale nucléaire ! Le choix se portera sur Fessenheim, symbole du combat des antinucléaires français et allemands qui s'y sont structurés dans les années 70. Réclamée de longue date par les écologistes, sa fermeture « *immédiate* » figure dans l'accord PS-EELV négocié par Martine Aubry et Cécile Duflot en novembre 2011. Il y est aussi question de fermer « *progressivement* » 24 réacteurs et de réduire la part du nucléaire dans la production électrique de 75% alors à 50% en 2025 ! Si Areva et François Hollande ont fait sortir de l'accord la fin de la filière de retraitement et de fabrication du MOX, le futur candidat du PS à la présidentielle de 2012 a entériné la négociation sur les législatives qui suivraient. Martine Aubry accepte de céder plus de soixante circonscriptions aux écologistes en vue de la création d'un groupe parlementaire à l'Assemblée nationale. Lequel pourrait compter de vingt-cinq à trente députés EELV en cas de victoire de la gauche et quinze, dans le cas contraire. À l'arrivée, EELV obtiendra dix-huit députés. C'est moins qu'espéré mais suffisant pour constituer un groupe politique à l'Assemblée nationale et pour peser, surtout lorsque les «*frondeurs*» menaceront la majorité socialiste.

Lors de sa campagne présidentielle, François Hollande reprend une partie des engagements du PS. «*Dans l'immédiat, je propose la fermeture de Fessenheim parce que c'est la plus ancienne de nos centrales, mais aussi pour des raisons de sûreté puisqu'elle est située sur une zone sismique*», déclare-t-il dans *Le Dauphiné Libéré* en janvier 2012. Alors que l'ASN l'a évaluée comme sûre. Devenu président de la République, il actera cette fermeture. Non sans une certaine lenteur. Au conseil des ministres du 14 décembre 2012, Francis Rol-Tanguy est nommé « *délégué interministériel chargé de la fermeture de la centrale nucléaire de Fessenheim* ». Le choix de cet ancien directeur de cabinet du ministre communiste des Transports Jean-Claude Gayssot (1997-2000) et fils d'Henri Rol-Tanguy, résistant de légende des FTP (Francs-tireurs et partisans), vise sans doute à apaiser une CGT-Énergie vent debout contre la fermeture. Il signe aussi un abaissement des X-Mines, puisque le chantier du démantèlement est confié à un diplômé des Ponts et Chaussées.

«*Monsieur Fessenheim*» officiera ensuite comme directeur de cabinet de Philippe Martin, éphémère ministre de l'Écologie et du Développement durable (juillet 2013-mars 2014), puis comme chargé de mission auprès de Ségolène Royal, qui lui succéda. Tout ce petit monde partage les mêmes idées emblématiques de l'écologie politique, par convictions, ignorance ou carriérisme.

À ce poste, Rol-Tanguy prépare la loi de transition énergétique pour la croissance verte (LTECV). Portant les objectifs de l'écologie politique, cette loi est votée en août 2015. Elle pose que la part du nucléaire ne devra pas dépasser 50% du mix électrique en 2025 (date repoussée depuis à 2035). Elle prévoit aussi un plafonnement de la puissance nucléaire installée à 63,2 GW, ce qui impose une réduction de capacité lorsque l'EPR de Flamanville fonctionnera avec ses 1,6 GW de puissance. La fermeture de Fessenheim est alors annoncée pour 2016.

C'est aussi le moment où le Parti socialiste change de logo. Pour les élections départementales de 2015, le poing et la rose inspirés par les chevènementistes dans les années 70 s'ornent d'une feuille verte et intègrent les termes de « *social-écologie* ». Ce qui vaut main tendue aux militants d'EELV alors en voie de scission. « *C'est une sorte de Bad-Godesberg environnemental* », grince un socialiste qui y voit « *le début de la fin du PS* », qui ne se définit plus que par rapport aux autres.

Pour les instigateurs de la LTECV, la marche vers la sortie du nucléaire est engagée. La stratégie est habile : en sous-estimant les besoins futurs en électricité, en imposant la baisse du nucléaire dans le mix électrique, ils vont bloquer toute politique de maintien et de développement de l'atout nucléaire, et mobiliser des sommes colossales pour imposer l'expansion, à marche forcée et ruineuse, des énergies renouvelables intermittentes. En cela ils trouveront des alliés puissants auprès des industriels du renouvelable, des gaziers et des spéculateurs.

Le cadeau de Fessenheim aux écologistes prendra plus de temps que prévu. Pour d'évidentes raisons électorales, Ségolène Royal publie un décret le 8 avril 2017, à la veille de la présidentielle, abrogeant l'autorisation d'exploiter la centrale. Un authentique coup de force ! Lequel sera annulé par le Conseil d'État en octobre 2018 pour cause de non-respect de la procédure administrative.

Entre-temps, Emmanuel Macron a pris la relève des ambiguïtés hollandaises. Dans son programme présidentiel présenté en 2017, dont le chapitre énergétique est confié à Arnaud Leroy, député socialiste dont le ralliement à En Marche sera récompensé par la présidence de l'ADEME, le candidat déclare vouloir respecter la trajectoire définie par la loi de transition énergétique (LTECV) et se prononce pour la fermeture de Fessenheim. Invité par l'ONG environnementale WWF, dirigée par Pascal Canfin (ex-ministre EELV), le fondateur d'En Marche ! souhaite que le nucléaire reste une filière d'avenir, mais n'associe pas l'atome à son ambition de faire de la France l'un « *des champions mondiaux de la clean tech* ».

Une fois élu, le nouveau président de la République honore ses promesses. En janvier 2018, Sébastien Lecornu, alors secrétaire d'État auprès du ministre de la Transition écologique et solidaire, met en place un « *comité de pilotage* » chargé de préparer la reconversion de la centrale de Fessenheim. Puis, en septembre 2019, la nouvelle secrétaire d'État à la Transition écologique, Emmanuelle Wargon, précise publiquement que l'arrêt des deux tranches de Fessenheim interviendra « en février » et « en juin » 2020. Sans attendre le raccordement de l'EPR de Flamanville, ainsi que l'avait pourtant conditionné François Hollande ! Pour la première fois depuis le début du nucléaire civil, il y a plus d'un demi-siècle, la puissance nucléaire installée en France a diminué.

Purement politique, alors que strictement rien d'autre ne la justifie, la décision de fermer Fessenheim se révèle de lourde portée. Elle entraîne de graves difficultés économiques et sociales pour le territoire, ses habitants et ses entreprises. Elle va à l'encontre des intentions climatiques du gouvernement, puisque l'électricité nucléaire produite sera remplacée par des énergies carbonées en Allemagne, émettant une dizaine de millions de tonnes de CO_2 supplémentaires chaque année. Elle coûte très cher : à EDF, qui perd une vente annuelle d'électricité de 500 millions d'euros et doit indemniser certains de ses actionnaires, allemands et suisses... Un gâchis estimé à 10 milliards d'euros ! Des centrales identiques aux USA ont vu leur durée d'exploitation prolongée à soixante ans et même pour certaines à quatre-vingts.

Les conséquences pour la filière en France et son image à l'étranger sont très négatives, d'autant plus que, toujours en 2019, est décidé l'arrêt du programme Astrid, réacteur expérimental de quatrième génération. Cet arrêt va planter, vingt et un ans après la fermeture, elle aussi politique, de Superphénix, un deuxième clou dans le cercueil de la quatrième génération et d'une certaine façon dans la filière. Espérons que l'arrêt de la recherche et développement sur cette technologie, qui ne peut être définitif sans une nouvelle loi (selon des textes de 2005 et de 2006), ne durera pas trop longtemps. Les USA, la Chine, la Russie et probablement d'autres pays ne nous attendent pas pour développer activement des réacteurs de quatrième génération.

Quant au lancement du programme de 6 EPR que demande EDF, il ne sera décidé – ou non – qu'en 2023. Après la présidentielle de 2022. Prétexte avancé : les expériences difficiles, regrettables, mais explicables de l'EPR de Flamanville et d'Olkiluoto en Finlande qui sera prochainement couplé au réseau. Mais les deux EPR de Taïshan en Chine, de conception française, sont déjà raccordés au réseau.

Le sabordage de la filière, ce sont bien sûr ces décisions défavorables, mais c'est tout autant, et de façon plus pernicieuse, l'absence de décisions de gouvernance dans un domaine où tout se décide pour le long terme. En matière d'énergie nucléaire, entre décision et mise en service, il s'écoule au mieux de dix à quinze ans.

Quelle filière industrielle pourrait supporter une telle défaillance de pilotage depuis plus de dix ans, de tels mauvais coups depuis plus de vingt ans ? Quel client étranger peut être incité à se tourner vers la France pour développer son nucléaire afin de réduire ses émissions de CO_2 quand le gouvernement évoque clairement l'éventualité de la sortie du nucléaire en 2050, comme l'a exprimé Emmanuel Macron dans son discours du Creusot fin 2019. Comment de jeunes étudiants ou ingénieurs pourraient-ils s'orienter nombreux vers la filière avec de telles perspectives ? D'autant que, au sein de l'École des Mines elle-même, les antinucléaires ont creusé leur sillon.

« *Une petite minorité agissante au sein de l'École des Mines s'est créé une sorte de rente de situation en se démarquant du positionnement traditionnel des X-Mines pour aller vers les énergies renouvelables et la transition écologique,* explique Christian Harbulot. *Dynamique et habile, elle a marqué des points car les ingénieurs du nucléaire, du haut de leur piédestal, ne pouvaient pas imaginer comment une contestation embryonnaire dans les années 90 pouvait aboutir à des conséquences catastrophiques pour l'industrie nucléaire. Ils n'avaient que mépris pour ces vaguelettes qui léchaient le bout de leurs chaussures*[9]*.* » Cette incapacité à comprendre ce qui se passait en Allemagne et en France a d'autant plus duré que ce monde-là, qui était aux manettes de l'industrie nucléaire, est peu adepte de l'autocritique. La prise de conscience, dans les années 2000, est arrivée trop tard.

Pour le directeur de l'École de guerre économique, « *la minorité agissante avait fait des petits. [...] En surfant sur la bonne vague de l'énergie propre, sans danger, positivement innovante, elle s'est auto-reproduite dans ce qui était la voie royale des ingénieurs du nucléaire, elle a commencé à prendre pied dans ce qui allait devenir le ministère de la Transition écologique en occupant des postes très importants et de manière durable.* » Il poursuit : « *Très silencieusement, ayant annexé la morale, ces gens-là ont réussi un parfait hold-up de positionnement, alors que les autres campaient sur leurs hauteurs tant au CEA qu'au sein de l'industrie nucléaire elle-même.* » Les contestataires groupusculaires aboutissaient à une position presque dominante au sein de l'administration française « *sans que les ingénieurs du nucléaire bougent un cil.* »

9. Entretien avec l'auteur, le 18 février 2021.

Les résultats commerciaux de ce sabotage de la filière en subissent les effets. Dix pays de l'Union européenne se sont tournés, se tournent ou veulent pouvoir se tourner vers le nucléaire pour leur transition énergétique. Parmi eux, la Pologne, la Roumanie et la Hongrie sont en discussion plus ou moins avancée avec les États-Unis ou la Russie pour construire leurs réacteurs.

CHAPITRE 6

LES NOUVEAUX FANATIQUES DE L'APOCALYPSE

L'écologie politique procède à la manière des sectes. Avec Greta en grande prêtresse disant le bien et le mal.

« *La contestation de l'énergie nucléaire est au cœur de la conscience écologique* », insiste un Vert notoire. Pour qui, venant du militaire, l'atome civil incarnait « *une vision productiviste et industrialiste du monde* ». Une façon de présenter les choses qui fait l'économie de l'histoire et des motivations peu environnementalistes des premières manifestations antinucléaires.

Que ce mouvement soit né en Allemagne n'a rien d'étonnant. Au sortir de la Seconde guerre mondiale, le pays est coupé en deux avec la République fédérale d'Allemagne à l'Ouest et la République démocratique allemande à l'Est. Il symbolise la Guerre froide qui oppose Américains et Soviétiques. Les horreurs du nazisme et les limitations imposées à l'armée en RFA nourrissent un fort mouvement pacifiste, notamment à l'extrême gauche.

En RDA, les communistes voient vite l'intérêt de ce pacifisme et la Stasi, service de renseignement, l'entretient par des moyens financiers et une véritable guerre de l'information. Pas question de laisser le voisin occidental réarmer sans le gêner ! Pas question d'accepter que les États-Unis installent des fusées Pershing en deçà du mur de Berlin ! Ce qui a fait dire à François Mitterrand, lors du déploiement de missiles soviétiques SS20 dans les années 80 : « *Les antinucléaires sont à l'Ouest, mais les missiles sont à l'Est.* » Il est bien probable qu'il y avait aussi des antinucléaires à l'est du rideau de fer, mais l'absence de liberté d'expression les réduisait au silence.

Issue de ces manipulations pacifistes, la mouvance écologique allemande s'est donc fondée sur l'hostilité au nucléaire, militaire d'abord, civil ensuite. En France, dans les années 1970, les premières grandes manifestations ont eu lieu contre des centrales nucléaires, en Alsace et dans le Bugey, c'est-à-dire pas très loin de la frontière, ce qui facilitait la venue des contestataires de Suisse et d'outre-Rhin. Peu à peu, ce refus de l'énergie atomique va se coupler à la défense de l'environnement et à la mise en cause de la société de consommation.

De puissantes ONG ont dans leurs statuts comme objectif la fin du nucléaire, y compris civil. Parmi celles-ci : Greenpeace, Sortir du nucléaire, Réseau Action Climat, Robin Wood, Les Amis de la Terre, WWF (Fonds mondial pour la nature), Extinction Rébellion... Au risque d'inconséquence : militer pour la fermeture de centrales atomiques, qui produisent une électricité décarbonée, plutôt que de lutter contre le réchauffement climatique en excluant la production d'électricité par des combustibles fossiles. En raison de l'intermittence de production des énergies renouvelables, l'écologie politique accepte l'installation de centrales à gaz, fortes émettrices de CO_2 (460 g par KWh), pour compenser l'intermittence des énergies éolienne et solaire. Mais faire appel à la raison et développer des arguments scientifiques ne sert à rien ; l'opposition au nucléaire s'inscrit dans l'inconscient et relève de phénomènes quasi religieux.

Depuis quelque temps, les discours écologistes ont de quoi donner le bourdon. Le monde va à sa perte ; le cataclysme est en marche ; l'effondrement est imminent ! Les écolos les plus radicaux finissent en grands prêtres du catastrophisme. À l'approche de l'An Mille, des sectes diverses et variées ont suscité l'effroi en annonçant la fin du monde. Un millénaire plus tard, les écologistes reprennent le flambeau et promettent l'Apocalypse aux mécréants qui préfèrent les charmes de la croissance aux sévérités de la sobriété.

Militant écologiste américain, fondateur de l'association Environnemental Progress, Michael Shellenberger tente d'expliquer dans son dernier livre, *Apocalypse Never*, comment une telle dérive quasi sectaire a pu se produire. Pour lui, le déclin des croyances religieuses ayant déplacé les objets d'une foi indispensable à la plupart des hommes, certains cherchent dans des causes à défendre l'espoir d'une survie au-delà de la mort. À l'image « *des super-héros Marvel* [personnages merveilleux de bandes dessinées connus dans le monde entier] *destinés à sauver le monde* ». Pourquoi une ambition aussi démesurée ? Pourquoi cette volonté messianique ? Outre qu'il s'agit d'un penchant assez naturel chez l'homme, ce désir se serait accru avec la fin de la Seconde Guerre mondiale et les crises qui l'ont suivie : « *La première entre 1968 et 1970 ; la deuxième après la fin de la guerre froide ; la troisième, aujourd'hui, où l'on observe un retour à l'État-nation et au nationalisme dans le monde entier. Ces brusques changements ont donné naissance à un nouveau millénarisme*[10]. »

Étrangement – ou peut-être pas –, on retrouve chez ces nouveaux « *fanatiques de l'Apocalypse* » les ingrédients de leurs ancêtres. La nature serait bonne et l'homme mauvais ; l'état premier serait juste et la modernité, immorale. Jean-Jacques Rousseau est aussi passé par là ! Afin d'assurer notre propre subsistance, nous devrions être chasseurs-cueilleurs ou, à tout le moins, fermiers, mais sans pesticides. Il y a quelque chose de pourri dans notre société à haute énergie. Exagération ? Il suffit de voir Yves Cochet présenter la maison dans laquelle il a tout prévu – eau, bois, panneaux photovoltaïques, jardin pour permaculture et même chevaux et hippomobiles – pour « *survivre à l'effondrement global* » de notre société qui lui semble « *probable* » en 2025 et « *certain* » en 2030. Et dire qu'il fut ministre de l'Environnement en 2001-2002 dans le gouvernement Jospin !

Pour Michael Shellenberger, l'enthousiasme pour la modernité constitue une exception historique qui a duré de la fin du VGVe siècle à 1945. « *Il a commencé par les Expositions universelles et la tour Eiffel,* écrit-il, *et allait de pair avec l'idée que nous pouvions tous avoir accès au progrès. Il s'est éteint à la fin de la Seconde Guerre mondiale, quand certains ont considéré la modernité comme responsable d'Auschwitz*

10. Michael Shellenberger, « Sans les écolos radicaux, le monde irait mieux », *Le Point*, 5 juillet 2020.

et d'Hiroshima. C'est là aussi un sentiment assez inconscient, qui se manifeste sans réserve par le soutien au bio, aux renouvelables, au jardinage. L'envie de revenir à des sources d'énergie plus primitives est en réalité un sentiment assez réactionnaire. »

Le doux écolo se fait « collapsologue » ! Shellenberger explique : « *Traditionnellement, dans les discours millénaristes, l'apocalypse signifie la révélation d'un nouveau monde. Bien sûr, cette révélation implique l'armageddon (l'ultime combat entre le bien et les forces du mal lors du jugement dernier), mais celui-ci doit être suivi par le paradis terrestre. On retrouve ce motif dans les discours écologistes depuis les années 70. Mais au début, on parlait du paradis à 90% du temps et d'armageddon les 10% restants; maintenant, c'est l'inverse ! On a développé une vision extrêmement négative de notre situation, qui laisse très peu de place à un monde qui pourrait être meilleur.* » L'enfer, c'est sur terre et aujourd'hui !

Seul un goût prononcé pour la malédiction peut ainsi expliquer le succès rencontré par une Greta Thunberg dans les médias et auprès de beaucoup de jeunes. Se voulant la Jeanne d'Arc venue sauver la planète, la jeune Suédoise réussit à initier ces grèves de la jeunesse que sont ses « *Fridays for future* ». Comment des chefs d'État, des autorités civiles, morales et religieuses ont-ils pu accorder du crédit à des discours vides de toute proposition concrète et réaliste pour agir ? Titulaire de la chaire de chimie des processus biologiques et membre de l'Académie des sciences, Marc Fontecave n'en revient pas. Ses propos sont « *rendus insupportables par la violence du ton, le moralisme qui l'accompagne, le manichéisme qui consiste à dire ce qu'est le bien et la nouvelle morale en désignant des boucs émissaires, les hérétiques, en premier lieu les patrons d'entreprise et les dirigeants politiques de la planète*[11] », affirme-t-il. Pourtant, il se murmure que Greta serait nobélisable !

Même étonnement du scientifique face à toutes les tribunes publiées dans les journaux de grande audience pour annoncer la fin du monde. L'une initiée par près de mille scientifiques ; l'autre signée par l'acteur Philippe Torreton ; toutes approuvées par l'écrivain Fred Vargas et l'écologiste, collapsologue et ancien ministre de l'Environnement, Yves Cochet : « *C'est la fin de l'espèce humaine.* » Mais face à cette tragédie planétaire, il n'est proposé que de désobéir et d'exiger ! Un programme qui ne risque guère d'entraîner une révolution.

Tout ce pathos s'inscrit dans un sentiment de culpabilité fort bien analysé par Nietzsche. La peur d'être puni pour des actions répréhensibles ou pas est, selon lui, instinctive. Même si vous savez que vous ne serez pas puni, vous vous éprouvez coupable. Le sens du péché a disparu, mais le sentiment lui-même demeure. Comment expier cette culpabilité diffuse sinon en lui trouvant un autre objet, en s'en prenant à des boucs émissaires eux-mêmes forcément coupables ? Par son apparition dramatique sur la scène publique, le nucléaire est prédisposé à ce rôle. La crainte qu'il suscite s'est vue capturée par un projet politique moralisateur qui justifie de nombreuses dérives.

---

11. Marc Fontecave, *Halte au catastrophisme !* Flammarion, p. 57.

Rien d'étonnant, dès lors, que l'écologie politique, instrumentalisant les peurs du nucléaire, procède à la manière des sectes : par amalgame, déformation des réalités, manœuvres d'intimidation parfois violentes. Greenpeace est coutumier du fait et s'est encore illustré devant le Palais Bourbon lors du débat sur le projet de loi climat et résilience. Démonstration critiquée par l'ancien ministre de la Transition écologique François de Rugy, écologiste lui-même : « *Ils ont fait une représentation théâtrale devant l'Assemblée nationale. C'était du théâtre pour dénoncer les boulets du climat. Mais en fait, les boulets du climat, c'est eux !* » Irrité, le député de Loire-Atlantique poursuit : « *Si pour Greenpeace, le combat prioritaire était le climat, ils s'en prendraient aux centrales à charbon, ce qu'ils ne font jamais*[12]. »

L'écologie politique manifeste, de fait, une indignation à géométrie variable. Et n'hésite pas à asséner des contre-vérités. Dans ses moyens de propagande, elle s'appuie sur le relativisme qui remet en cause les données scientifiques admises par la communauté internationale des chercheurs, en particulier sur la sûreté des installations et la gestion des déchets nucléaires. Souvent proche de l'extrême gauche, l'écologie politique utilise la bonne vieille méthode trotskiste : l'entrisme. Nous le verrons plus loin.

Les partis politiques se réclamant de l'écologie s'inscrivent dans cette filiation et ont fait leur ce combat contre le nucléaire. L'Allemagne a continué à donner le ton avec Die Grünen, qui se crée dans la foulée du mouvement pacifiste

12. François de Rugy invité de la conférence de presse de l'Association des journalistes parlementaires, Assemblée nationale, le 5 mai 2021.

impulsé par le bloc de l'Est, mais prend petit à petit son autonomie par rapport à l'extrême gauche et devient une force politique reconnue par l'establishment partisan allemand. Par le biais d'un antinucléarisme virulent nettement plus structuré qu'en France. Il suffisait de voir l'organisation de leurs actions très spectaculaires contre le transport des déchets nucléaires : connaissance précise des trajets des trains ; capacité de les intercepter ; art de les transformer en événements médiatiques qui ont eu une résonance très forte outre-Rhin. Des études de l'École de guerre économique d'alors montraient l'importance des moyens mobilisés et, déjà, l'utilisation intensive des sites Internet pour diffuser leurs messages antinucléaires. Pour son directeur, Christian Harbulot, il serait intéressant d'analyser l'intérêt de la Russie à un parti vert allemand œuvrant pour que le pays sorte du nucléaire au bénéfice du gaz... russe.

En France, le mouvement écologiste suit le même chemin et se structure en parti. Partagé entre forces centrifuges et forces centripètes, il connaît unions et séparations. Pour donner Les Verts, puis Europe-Écologie-Les-Verts. Se voulant autonome au départ, il penche très vite à gauche et joue à « *je t'aime, moi non plus* » avec le Parti socialiste. Des alliances électorales et programmatiques (avec des revendications antinucléaires) alternent avec des batailles sous son propre drapeau. Cela dépend du mode de scrutin : autonomie rime avec proportionnelle ; accord s'entend avec majoritaire. Les européennes leur sont favorables. Les municipales de 2020, en pleine pandémie de Covid-19 et abstention, leur permettent de diriger des grandes villes : toujours Grenoble, mais aussi Bordeaux, Strasbourg, Poitiers, Tours, Annecy...

Les nouveaux maires verts surprennent souvent. Celui de Bordeaux refuse un sapin de Noël municipal sous prétexte que c'est un arbre mort, mais ne s'oppose pas à l'arrachage de mille hectares de pins pour installer une centrale photovoltaïque en Gironde. Celui de Grenoble exclut le Tour de France de sa ville pour cause de pollution. Celui de Poitiers supprime les subventions à l'aéroclub et demande aux enfants de ne plus rêver de voler. Socialiste, mais dépendant des écologistes, Anne Hidalgo laisse une capitale sale, qui s'enlaidit, triste et bientôt paupérisée. Quel monde nous préparent donc ces défenseurs de l'environnement qui détestent ceux qui y vivent et, surtout, ceux qui rêvent justement d'aller plus loin ?

Ségolène Royal, politicienne s'il en est, a bien perçu les dangers politiques d'une « écologie punitive » qui pense surtout à taxer les consommateurs, à interdire certaines activités, à culpabiliser les optimistes qui pensent que la science et les innovations techniques résoudront une bonne partie des problèmes environnementaux. Elle a connu la révolte des Bonnets rouges bretons contre les péages routiers pour les poids lourds et la première taxe carbone ; elle y a renoncé, même si cela a coûté 1 milliard d'euros à l'État. Malgré les portiques abandonnés chargés de caméras qui dominent nombre de nos routes. Se voulant sans mémoire, les macronistes ont remis la taxe à l'honneur. Cela a donné les Gilets jaunes !

Anticapitaliste, hostile à la société de consommation, l'écologie politique découvre que les Français « *périphériques* » préfèrent un tien à deux tu l'auras, le présent à l'utopie. Ils savent la nécessité de produire pour satisfaire leurs besoins et ceux de la collectivité. Ils mesurent le poids des impôts pour entretenir une technostructure qui handicape la croissance. Ils espèrent profiter, ou que leurs enfants finissent par profiter, d'un développement scientifique et économique qui améliore leur niveau de vie. Ils se demandent à juste titre d'où vient l'argent qui entretient le militantisme vert.

CHAPITRE 7

LE BRAS ARMÉ DES ANTINUCLÉAIRES

Entre l'écologie politique et les ONG, les va-et-vient sont fréquents. Celles-ci fournissent refuge et moyens. Beaucoup de moyens !

La mouvance antinucléaire bénéficie d'une bonne image. Celle héritée des grandes organisations non gouvernementales (ONG) consacrées par le chapitre X de l'article 71 de la charte de l'ONU, qui leur donne un rôle consultatif. Au lendemain de la Seconde Guerre mondiale, elles relayent les organismes onusiens qui défendent les grandes causes humanitaires, les réfugiés, la santé, l'alimentation, principaux sujets de préoccupation alors.

Autant de bonnes actions menées par des bénévoles à travers le monde. Servies par des moyens financiers considérables, ces ONG vont marginaliser les associations caritatives et les œuvres de militants désintéressés des différents pays et assurer la primauté de ce modèle anglo-saxon. À cette fin, elles se polarisent sur des sujets plus visibles, donc plus médiatiques, et plus en phase avec les préoccupations de la jeunesse.

La préoccupation environnementale se mondialise en 1988, lorsque le G7, groupement des sept pays les plus riches du monde, se penche sur le réchauffement climatique et crée le GIEC (Groupe intergouvernemental des experts du climat). Celui-ci compte désormais 195 pays et ses recommandations sont débattues dans des forums internationaux aboutissant à des objectifs chiffrés de réduction des gaz à effet de serre (GES) que consignent des accords. Un glissement s'est produit. Les amoureux de la nature, soucieux avant tout de protéger l'environnement, le cèdent à des professionnels qui veulent « sauver la planète ». Fût-ce par des mesures autoritaires. Avec en toile de fond, la volonté de lutter contre la société de consommation et de changer de civilisation, quitte à promouvoir des théories et des positions en contradiction avec les acquis scientifiques et sociaux.

On connaît l'entêtement de Greenpeace à s'opposer, y compris par des méthodes violentes, à la mise en culture du riz doré, un riz génétiquement modifié, riche en vitamine A qui lui donne une couleur dorée. Ce riz permet de lutter contre les carences vitaminiques – pouvant conduire à la cécité – dont souffrent 250 millions d'humains dans le monde, dont 40% d'enfants. En l'espèce, Greenpeace a utilisé la méthode qui consiste à remettre en cause l'avis de cent prix Nobel et d'accuser les lobbys en contestant l'innocuité totale des OGM car, en tous domaines, le risque zéro n'existe pas et il est impossible de le démontrer.

Ces actions demandent une force de frappe que ne peuvent pas assurer des bénévoles. Résultat : les ONG se «*professionnalisent*». «*En France, 71% du personnel de ces organisations est salarié et les embauches privilégient les personnels très qualifiés et bardés de diplômes*[13] », note Loïk Le Floch-Prigent. Une montée en puissance qui exige beaucoup d'argent, ce que ne peuvent garantir les cotisations des adhérents. D'où la recherche de riches sponsors pour boucler les budgets. «*Des fondations, des entreprises, des administrations, des gouvernements, des agences gouvernementales adhèrent à ces ONG en leur apportant des sommes importantes*», poursuit l'ancien patron d'Elf-Aquitaine.

Des exemples? En 2003, le Forum social, grand-messe des altermondialistes, a été financé à 90% sur fonds publics, provenant notamment des mairies de Paris et Saint-Denis (1,6 million d'euros) et du gouvernement (500 000 €), le conseil régional d'Ile-de-France refusant finalement d'allouer les 300 000 € promis par son président. La Fondation Goldsmith (JMG Fundation) assure environ 10% du budget de Générations Futures chaque année. Elle reconnaît avoir financé Greenpeace France, les Amis de la Terre, le réseau Sortir du nucléaire, le CRIIGEN, Inf'OGM... Créée par le financier ultraconservateur britannique, Sir James Goldsmith, cette fondation a établi son siège au Lichtenstein, paradis fiscal bien connu. Elle aussi basée au Lichtenstein, créée par le millionnaire libanais Ayman Jallad, la Isvara Foundation finance notamment les Amis de la Terre et Corporate Europe Observatory (CEO), une ONG anti-lobby. Un temps administrateur de Greenpeace, selon lui, Ayman Jallad oriente les actions de sa fondation

13. Loïk Le Floch-Prigent, «Écologie, ni dogmes ni déni», *Marianne Débats*, p. 43.

contre les « *centres mondiaux du pouvoir* », comme la Commission européenne, l'Organisation mondiale du commerce, la Banque mondiale...

De droit suisse bien que basée à Paris, la Fondation pour le progrès de l'Homme, créée par Charles Léopold Meyer, octroie entre 7 et 10 millions d'euros chaque année à des associations militant « *en faveur d'une transition sociale et écologique* », dont Info'OGM et Sciences citoyennes. Son directeur, Matthieu Calame, a fait partie du conseil scientifique de la Fondation de l'écologie politique, proche d'EELV. Elle aussi basée en Suisse, la Fondation pour une terre humaine (FTH) « *a pour vocation de soutenir le travail des associations de défense de l'environnement.* » Ses subventions ont nettement baissé (50 000 € annuels contre 250 000 € à 300 000 € autrefois), mais son directeur, Jean-Louis Gueydon de Dives, fils de Jacqueline Beytout, ancienne propriétaire des *Échos*, est actionnaire de *L'Écologiste* depuis 2013 après avoir soutenu *Politis*.

Les entreprises constituent une autre source de financement des ONG. Leurs dons ont atteint 21,1 milliards de dollars en 2019, en progression de 21,1% en un an. Avec l'argent des fondations, (75,7 milliards de dollars), ce sont près de 100 milliards de dollars qui tombent dans les caisses des ONG. Le fondateur de CNN, Ted Turner, a ainsi financé Greenpeace, en fonction de quoi les images des actions spectaculaires de l'organisation se voyaient diffusées en premier sur CNN. La fondation Turner a également soutenu les activistes de la Ruckus Society. Fondée en 1995, celle-ci a pour but de former des contestataires aux méthodes classiques d'action non violente et de désobéissance civile. Parmi ses diplômés : des militants de Greenpeace et les manifestants qui ont perturbé tous les sommets symbolisant selon eux la mondialisation. En oubliant allègrement le principe de non-violence ! À Gênes, en 2001, les émeutes ont fait un mort, 600 blessés, plus de 200 voitures brûlées et d'immenses dégâts matériels.

Les ONG environnementalistes méconnaissent souvent, de fait, les règles éthiques qu'elles réclament des autres pouvoirs, politiques ou économiques. À commencer par la transparence financière. Ainsi le dispositif du « *1% pour la planète* » illustre toute l'ambiguïté du mode de fonctionnement d'une partie, souvent activiste, des organismes et associations censés œuvrer en toute indépendance excluant tout conflit d'intérêts et toute corruption.

Créée en 2002, l'association américaine *1% for the Planet* a pour but de « *connecter des mécènes et entreprises avec les associations porteuses de projets, pour accroître efficacement les dons au profit de l'environnement* ». Elle compte 2600 membres dans 45 pays et a déjà collecté plus de 265 millions de dollars.

Les entreprises à la recherche d'une image favorable à l'environnement qui adhèrent s'engagent à reverser 1% du chiffre d'affaires annuel de l'entreprise, d'une marque ou d'une ligne de produit, aux associations agréées. Ce 1% doit être au moins pour moitié sous forme de dons financiers déductibles des impôts, le reste pouvant être sous forme de dons de produits, de service ou de mécénat de compétences. En France, plus de 600 entreprises ont adhéré à 1% for the Planet ; elles versent environ 5 millions d'euros par an aux quelque quatre cents associations agréées, soit directement, soit via le fonds de dotation de 1% for the Planet. En échange, elles peuvent utiliser le logo afin de communiquer leur engagement à leurs clients.

Pour être agréée, une association doit être recommandée par l'un des membres qui s'engage à soutenir ladite association dans le cadre du 1% pour la planète.

Que beaucoup d'entreprises s'impliquent dans un but philanthropique, sans nul doute. Mais on peut imaginer que d'autres adhérent en vue d'apporter indirectement leur écot financier à des associations environnementalistes locales ou susceptibles d'accompagner leurs projets ou servir leur image. À l'instar des industries chimiques qui finançaient autrefois les associations de pêcheurs pour qu'elles ne protestent pas trop contre les rejets de produits moussants dans leurs rivières ! Alors, quand il s'agit d'un projet immobilier ou hôtelier porté par une société qui déclare adhérer au 1% pour la planète, on aimerait connaître les associations auxquelles les fonds aboutiront. Les ONG, si promptes à suspecter des conflits d'intérêts et l'action de lobbys influenceurs, voire corrupteurs, ne trouvent rien à redire à ces financements qui les concernent. Par définition, la transparence est réversible, sinon il s'agit d'une glace sans tain destinée à masquer quelque réalité peu glorieuse.

Les principales ONG deviennent ainsi de véritables multinationales reposant sur un marketing de la compassion. Le budget de Greenpeace International s'élevait à 360 millions d'euros en 2018 ; celui de Greenpeace France atteint 23 millions d'euros en 2019. Oxfam International fait beaucoup mieux avec un budget de plus d'1 milliard d'euros en 2018 (presque deux fois plus que celui de l'UNESCO), tandis que celui de sa filiale française atteint 6 millions d'euros. « *Les finances de certaines ONG sont directement liées aux solutions qu'elles préconisent,* observe Loïk Le Floch-Prigent. *Il en est ainsi des participations financières de Greenpeace dans les éoliennes, qui lui garantissent des rentrées d'argent régulières.* » Des sommes considérables qui exposent aux affres du business habituel.

En 2020, confrontée à une baisse de ses ressources, Oxfam n'a pas hésité à supprimer 1450 postes, soit près du tiers de ses effectifs centraux, plus 700 postes dans ses antennes partenaires. Elle a dû fermer ses bureaux dans 18 des 68 pays qu'elle couvre. À cause de la Covid ? C'est la raison officielle ; elle masque d'autres mises en cause. Ses rapports font mouche dans l'opinion, mais les analyses se font souvent à la louche ; certains donateurs s'en sont fâchés. L'organisation a pâti de « *l'affaire d'Haïti* », son staff ayant eu recours à des prostituées, dont des mineures, après le séisme 2010, sans que la direction s'en émeuve. Oxfam souffre aussi de son appel plus ou moins explicite au boycott d'Israël et des propos antisionistes, voire antisémites, de certains de ses activistes. Indignations par ailleurs très sélectives. Les attaques contre la Russie ou la Chine, qui figurent parmi les États les plus inégalitaires et les plus polluants, sont rarissimes, note Christian Harbulot. « *Il y a un malaise idéologique face à la critique du communisme et de ses dérivés ; c'est culturel chez Oxfam : les membres viennent souvent de cette matrice-là* », explique le directeur de l'École de guerre économique.

Les ONG actuelles peinent de plus en plus à convaincre de leur neutralité politique. Sans aller jusqu'à rappeler l'usage d'ONG bien dotées qu'a pu faire la CIA au bénéfice des intérêts américains, la structuration progressive de forces politiques écologistes partant à la conquête de pouvoirs a établi une réelle perméabilité entre ces dernières et certaines grandes associations environnementales ou humanitaires. Au gré des élections, les dirigeants les plus en vue passent de l'une à l'autre. Ce qui permet de conserver positions, influence et... revenus.

En France, ces allers-retours sont fréquents. Les mandats politiques sont souvent octroyés lors d'élections à la proportionnelle, les candidats gratifiés d'une place éligible sur la liste se trouvant automatiquement élus. Ainsi de Pascal Canfin. Député européen EELV en 2009, il est ministre délégué au Développement dans le gouvernement de Jean-Marc Ayrault jusqu'en 2014. Revenu à Bruxelles, il n'en devient pas moins conseiller principal pour le climat de WRI (World Resources Institute), think tank américain spécialisé dans les questions environnementales, proche du Parti démocrate. Occasion, semble-t-il, d'échanger avec certains industriels du gaz.

En janvier 2016, il est nommé directeur général de WWF France, organisation écologiste qui a inscrit dans ses statuts le rejet de toute énergie nucléaire. Il démissionne en 2019 pour figurer sur la liste LREM lors des élections européennes. En bonne place, bien sûr, puisqu'il s'agit de le récompenser de son ralliement à Emmanuel Macron deux ans plus tôt. Il est ainsi élu et obtient même la présidence de la commission de l'Environnement au Parlement européen. Responsabilité importante qu'il a utilisée pour compromettre l'avenir du nucléaire français. Il utilise ce poste en défendant, sans états d'âme, le gaz naturel dans le débat sur la « *taxonomie verte* ». Cette dernière étant la clé d'accès à des financements privilégiés pour investir dans des projets énergétiques.

Curieux défenseur du climat qui préfère le gaz émettant 70 fois plus de CO_2 par kilowattheure que le nucléaire. Curieux député de la France qui manœuvre contre les intérêts nationaux. Même s'il a mis un peu d'eau dans son vin bio : aux dernières nouvelles, il admet que le nucléaire peut être considéré comme « *une énergie de transition* », qui « *permettrait de remplacer le charbon en Pologne.* » Mais pas question de le reconnaître comme une « énergie verte ». Les positions de WWF pèsent encore davantage pour lui que le réchauffement climatique et l'intérêt national.

Cécile Duflot a également pratiqué ce genre de mouvement. Secrétaire général d'EELV, en 2012, elle bénéficie des accords entre EELV et le PS qui lui fait le cadeau d'une des circonscriptions les plus sûres pour la gauche, la sixième de Paris, « profitant » que sa sortante a été temporairement affaiblie par une grave maladie. Certes, Danièle Hoffman-Rispal sera sa suppléante et siégera à l'Assemblée nationale, puisque l'accord PS-EELV a prévu l'entrée de Cécile Duflot au gouvernement de Jean-Marc Ayrault. Celle-ci occupera le ministère de l'Égalité des territoires et du Logement, après qu'elle a refusé l'Environnement afin de garder ses distances avec la politique environnementale du gouvernement. Elle laisse ainsi sa place à un autre dirigeant d'EELV, Yves Cochet, tenant de la collapsologie, théorie qui considère l'effondrement civilisationnel comme inéluctable en raison du réchauffement climatique. Aujourd'hui, Cécile Duflot est retournée dans l'ONG Oxfam France, comme directrice générale.

Vainqueur de la primaire d'EELV en vue de la présidentielle de 2022, Yannick Jadot a fait ses débuts militants en Afrique, dans un programme d'appui aux ONG de l'Union européenne. En 1995, il se rapproche de Laurence Tubiana, ex-militante de la LCR (Ligue communiste révolutionnaire) convertie à l'écologie politique, et intègre SOLAGRAlL que celle-ci préside. Cette ONG est spécialisée dans le suivi des négociations internationales et le soutien aux pays en voie de développement. Là, Yannick Jadot est de tous les combats contre la mondialisation néolibérale et participe à la construction du mouvement altermondialiste. Il y rencontre José Bové, alors porte-parole de la Confédération paysanne. En 2002, il passe à Greenpeace comme directeur des campagnes. Objectif : créer de la tension pour obliger les pouvoirs à réagir. Yannick Jadot tentera ainsi une incursion dans la base militaire de l'Ile-Longue (Finistère) qui abrite les sous-marins nucléaires. Il écopera de deux mois de prison avec sursis et 2000 € d'amende pour « *atteinte aux intérêts supérieurs de la nation* ».

À Greenpeace, Yannick Jadot se forme aux techniques des actions « *coups de poing* » : grimper et mettre une banderole sur une grue ; conduire un Zodiac bord à bord avec des gros bateaux ; savoir se positionner pour le photographe ou le caméraman... Il apprend à se mettre en scène pour assurer le spectacle ! Il sait négocier aussi : il participera activement au Grenelle de l'environnement avec Jean-Louis Borloo comme adversaire-partenaire. Les deux hommes restent liés. En 2008, souhaitant participer à la liste des Verts pour les élections européennes de l'année suivante, Yannick Jadot démissionne de Greenpeace. « *Le principe d'indépendance politique de Greenpeace et son attachement constant à son rôle de contre-pouvoir, qui dissocie strictement associatif et politique, rendent incompatible tout engagement politique avec des responsabilités exercées au nom de Greenpeace* », explique alors – sans rire ! – le directeur général de Greenpeace France. La politique ayant ensuite toujours nourri le député européen, il n'a pas eu à reprendre pied dans une ONG.

Audrey Pulvar, journaliste connue, adjointe à la mairie de Paris, a été de 2017 à 2019 présidente de la Fondation Nicolas Hulot, association environnementaliste, avant de se présenter aux municipales à Paris aux côtés d'Anne Hidalgo dont elle deviendra adjointe. Elle a été tête de liste aux régionales en Ile-de-France avec les soutiens du Parti socialiste, de Place publique et du Parti radical de gauche. Son rival tête de la liste EELV, Julien Bayou, a été tour à tour consultant à l'Unesco, chargé de mission à Coordination SUD (la coordination française des ONG de solidarité internationale), conseiller régional d'Ile-de-France, cofondateur de Notre Affaire à Tous, secrétaire national d'EELV...

Pour ces écologistes, tous les moyens sont bons pour imposer leurs dogmes. Oxfam France comme la Fondation Nicolas Hulot font ainsi partie, aux côtés de Greenpeace et de Notre Affaire à Tous, des quatre organisations qui ont déposé un recours devant le tribunal administratif contre l'État, le 14 mars 2019. Objectif : faire reconnaître l'insuffisance des actions de l'État en matière climatique et obtenir du juge administratif qu'il lui enjoigne de prendre toutes mesures utiles pour réduire les émissions de gaz à effet de serre à un niveau compatible avec le maintien du réchauffement planétaire en deçà d'1,5°C. L'action en justice fait suite à une pétition lancée le 18 décembre 2020 avec les renforts de Marion Cotillard, Juliette Binoche, les youtubeurs McFly et Carlito que le président de la République, pas rancunier, accueillera à l'Élysée deux ans plus tard. Le 3 février 2021, le tribunal administratif reconnaît l'État responsable de n'avoir pas réduit les émissions de gaz à effet de serre de la France autant qu'il s'y était engagé devant l'Europe et le Parlement. Le 14 octobre 2021, ce tribunal ordonne au Premier ministre « *de prendre toutes les mesures sectorielles utiles de nature à réparer le préjudice* » (estimé à 15 millions de tonnes en équivalent CO_2), mais aussi de « *prévenir l'aggravation de ces dommages.* » Et ce, d'ici au 31 décembre 2022. Les juges n'ont pas ajouté d'astreinte financière.

À peine sorti du gouvernement Édouard Philippe, le 4 septembre 2018, Nicolas Hulot n'hésite donc pas à attaquer en justice un État qu'il vient de servir pendant un an, trois mois et dix-huit jours comme... ministre d'État, ministre de la Transition écologique ! De son côté, Cécile Duflot n'a pas craint de mettre en cause le gouvernement Jean-Marc Ayrault auquel elle a participé, puisque le recours visait les quinze dernières années. Au-delà de l'hypocrisie de la démarche, il y a la totale confusion des genres et l'absence de loyauté à l'égard du gouvernement de la France de la part de certains de ses membres ou anciens membres.

On peut d'ailleurs se demander pourquoi ces « *courageuses* » ONG s'en sont prises à la France, pays leader du G7 quant à ses émissions de gaz à effet de serre, plutôt qu'à l'Allemagne qui émet deux fois plus de CO_2 par habitant. Ou aux USA qui en émettent trois fois plus...

Tout aussi curieusement, ces associations n'ont pas incriminé les centrales nucléaires dans leur requête. Elles auraient pu estimer que l'État n'en fermait pas assez. À moins qu'elles n'aient craint que les juges ne leur rappellent que le nucléaire n'est pas responsable des dérapages des émissions. « *Leur langage devant le tribunal n'est donc pas celui qu'elles utilisent en public*[14] », souligne dans une tribune au *Point* Brice Lalonde, président de l'association Équilibre des énergies. Ministre de l'Environnement dans le gouvernement d'Édith Cresson, au début des années 90, Brice Lalonde est un écologiste non sectaire qui a su évoluer dans son opinion sur le nucléaire civil. Il le considère désormais comme incontournable pour lutter contre le réchauffement climatique.

Brice Lalonde met en garde contre les ambitions inatteignables qui invitent aux surenchères. Il explique ainsi que « *les engagements des États sont d'autant plus ambitieux que les résultats des engagements antérieurs sont décevants. La loi Grenelle de 2009 engageait la France à diviser ses émissions par quatre en 2050. Le pays n'étant pas sur la trajectoire, la loi énergie-climat de 2019 l'engage à les diviser cette fois-ci par six ! L'Europe connaît le même cliquet. En 2014, elle fixe un objectif de réduction pour 2030 de 40%, fin 2020 elle le rehausse à 55%, le Parlement européen, lui, réclame 60%.* » Il ajoute : « *La question est de savoir si ces nouveaux objectifs sont fondés sur la correction des carences observées dans les défaillances antérieures ou s'il s'agit simplement de pieuses surenchères, l'excellence écologique se mesurant davantage à la radicalité des proclamations qu'aux améliorations sur le terrain. Or, ce sont les mêmes associations qui poussent les élus aux surenchères pour déplorer ensuite que l'État ne tienne pas ses promesses.* »

---

14. Brice Lalonde, « L'affaire du siècle : des échecs aux surenchères », *Le Point*, 12 février 2021.

Pourtant, la France est le grand pays le plus vertueux en matière d'émission de CO_2. Et ce, grâce – on ne le répétera jamais assez – à un mix en énergie finale comprenant 25% d'électricité, contre 18% pour les autres nations. Laquelle électricité est décarbonée à plus de 90% parce qu'elle est à 70% produite par des centrales nucléaires !

Ainsi, selon les calculs incontestables de l'éminent physicien Hervé Nifenecker, si tous les pays avaient eu les mêmes émissions de CO_2 ramenées au PIB de la France, les 32 milliards de tonnes de CO_2 émises chaque année dans le monde auraient été réduites des trois quarts. Un niveau qui aurait été conforme aux recommandations du GIEC pour contenir la hausse des températures à 1,5°C en 2100.

Exemplaire, la France doit être fière de son bilan carbone. L'autoflagellation n'est réclamée que par ces écologistes politiques qui butent comme des ânes devant une vérité insupportable pour eux : il ne peut y avoir de transition écologique sans recours à l'énergie nucléaire !

CHAPITRE 8

UN MINISTÈRE INFILTRÉ

Le ministère de la Transition écologique abrite de fervents défenseurs des énergies vertes. Les pronucléaires rasent les murs.

« *Du cabinet du ministre aux diverses directions, le ministère de la Transition écologique est complètement miné par les jeux d'influence, le positionnement des faux experts, et la droite a laissé faire !* » Les propos de Christian Harbulot ne sont pas exagérés. Depuis le premier choc pétrolier, dans ce ministère, une politisation militante des services de l'État compétent sur les questions énergétiques a été engagée. Plusieurs événements y ont contribué.

La création, en 1974, de l'Agence pour les économies d'énergie (AEE) est une première étape dans cette conquête pour plusieurs raisons : les économies d'énergie étaient évidemment de bon sens et il fallait engager réflexions et actions pour réduire les gaspillages. Mais, en même temps, la consommation d'énergie a toujours accompagné la croissance de l'économie. Les sociétés libérales, l'économie de marché, le capitalisme entretiennent un rapport de proportionnalité dans l'évolution du PIB et la consommation d'énergie finale. La mission de l'AEE sous-tendait des enjeux politiques certainement insoupçonnés par le gouvernement de l'époque, mais ces enjeux n'avaient pas échappé à certains de ses membres. La graine d'un possible bouleversement de la politique énergétique de la France était semée ; elle allait lentement mais sûrement prospérer à l'insu des Français et de leurs gouvernants.

C'est cette perspective qui va mobiliser quelques personnes, dont un ingénieur de recherche du CEA déçu par certains choix techniques qui occultent ses perspectives de carrière. Il est cadre syndical à la CFDT. Née de la scission de la CFTC dont elle abandonne la référence chrétienne, en 1964, la Confédération française démocratique du travail va être jusqu'au milieu des années 70 un syndicat plaçant son action selon le principe de la lutte des classes, l'autogestion et la planification démocratique, prônant un socialisme d'État inspiré d'expériences menées en Yougoslavie dans les années 50 et en Algérie peu après son indépendance.

Dès son origine, la CFDT a manifesté, y compris dans sa section EDF, une réserve certaine à l'égard du nucléaire. Elle se distinguait ainsi, chez l'électricien comme au CEA, de la CGT majoritaire et de Force ouvrière minoritaire qui défendaient ardemment l'énergie atomique. Au point que certains cadres cédétistes se joignaient parfois à des manifestations antinucléaires aux portes mêmes des entreprises ou des centres de recherche nucléaires dont ils étaient les salariés.

Près d'un demi-siècle après son recentrage de 1977, certains vieux réflexes subsistent. En 2019, le secrétaire général de la CFDT, Laurent Berger, signe ainsi avec Nicolas Hulot, antinucléaire convaincu, 66 propositions portant sur l'écologie, la fiscalité et la démocratie, proclamant sur un ton quelque peu incantatoire qu'enjeux écologiques et enjeux sociaux sont liés, occultant la disponibilité et le coût de l'énergie pour la compétitivité des entreprises, l'emploi et le pouvoir d'achat des ménages. Ce positionnement syndical et politique radical est illustré par Bernard Laponche qui, de délégué CFDT au CEA, deviendra délégué fédéral pour l'énergie jusqu'au moment où il intègre l'Agence pour les économies d'énergie (AEE) lors de sa création, en 1974.

Outre ce positionnement politique, Bernard Laponche peut être motivé par une divergence scientifique au sein du CEA. Il était opposé à l'utilisation de sodium liquide dans les réacteurs à neutrons rapides de quatrième génération. Or, c'est ce choix que feront le CEA et EDF pour le réacteur Phénix à Marcoule puis pour Superphénix à Creys-Malville. On peut dire, pour employer l'expression d'un de ses anciens collègues du CEA, que vingt-cinq ans plus tard, Bernard Laponche aura la peau de Superphénix quand il sera aux côtés de Dominique Voynet au ministère de l'Environnement, peu après l'alternance politique de 1997.

Le parcours, l'action militante et l'entrisme idéologique antinucléaire de Bernard Laponche, cet acharnement dont nous verrons les effets incalculables, semblent certes animés par des convictions idéologiques intraitables mais aussi par une sorte de retournement passionnel, tels que les décrivent les psychiatres quand un passionné déçu va détruire ce qu'il a contribué à bâtir. Selon un de ses anciens collègues, ce physicien de haut niveau aurait fait plusieurs voyages en URSS, en pleine guerre froide.

L'AEE est donc créée en 1974. Concrétisant une méthode de gouvernance voulue par le nouveau président de la République Valéry Giscard d'Estaing qui s'éloigne des pratiques gaullistes et s'inspire de méthodes américaines. C'est un organisme politico-administratif original, à qui l'État délègue la mise en œuvre de la nouvelle politique énergétique. Une « *agence d'objectifs* » chargée d'agir à la place et au nom de l'État, mais placée sous sa tutelle. En l'occurrence, la tutelle est celle alors du ministère de l'Industrie dont le ministre est Michel d'Ornano, un ami du Président. L'AEE est un organisme administratif aux pouvoirs potentiellement considérables, à surveiller de près par le pouvoir politique.

L'agence connaît un développement important, passant de douze personnes en 1974 à deux cent cinquante et une en 1981. Elle connaît des succès de communication (« *En France on n'a pas de pétrole mais on a des idées* » ou encore « *la chasse au gaspi* »). Mais, sur les sujets qui la concernent, l'agence prend le chemin d'une certaine autonomie. Et, favorisés par les événements, les plus engagés de ses membres vont faire prévaloir leurs convictions politiques et énergétiques personnelles.

En 1982, l'AEE absorbe plusieurs services traitant de l'énergie solaire, de la géothermie et de la valorisation de la chaleur. L'AEE devient l'Agence française pour la maîtrise des énergies (AFME) couvrant la maîtrise de l'énergie, les économies d'électricité, le développement des énergies renouvelables et les économies de matières premières, placée sous la tutelle du ministère de l'Énergie et de la Recherche.

L'infiltration idéologique prend alors de l'ampleur sous l'impulsion du directeur des programmes de l'AFME, un certain Bernard Laponche. Il redéfinit les critères de décisions dans le domaine de l'environnement. Il affirme en 1982, dans un colloque sur les économies d'énergie et l'utilisation des énergies nouvelles, que « *ces choix devaient se fonder sur les usages et les besoins* » exprimés par la population, il réactive le vieux projet de la CFDT de planification démocratique de l'économie, afin que « *la discussion ait lieu non plus seulement entre technocrates qui connaissent la question, mais entre usagers qui utilisent l'énergie.* » L'AFME devient, par la volonté et l'action de son directeur, le levier pour transformer le système énergétique depuis le cœur de l'État.

Mais Bernard Laponche n'est pas seul, loin de là, il a des alliés dans sa vision antinucléaire. L'un des militants les plus actifs est Benjamin Dessus. Cet ingénieur est présent dès la création de l'AFME dont il est nommé directeur de la recherche et, très vite également, directeur des services techniques. Antinucléaire virulent comme Bernard Laponche, il est l'auteur du livre *En finir avec le nucléaire, pourquoi et comment (Seuil, 2011)*. En 2000, il sera l'un des auteurs du rapport relatif au coût du nucléaire commandé par le Premier ministre, Lionel Jospin. Un rapport très habile qui vise à fournir des arguments pour en finir avec le nucléaire sous l'angle du prix du KWh, alors que jusqu'à présent ce prix était un atout. Pour les antinucléaires, il faut faire feu de tout bois, le coût prévisible évidemment à la hausse venant compléter les arguments sur la sûreté et les déchets.

Les ambitions sont très importantes, l'alternance de 1981 est une opportunité pour les antinucléaires. La gauche pénètre les rouages de l'État. Profitant des lois de décentralisation, l'AFME construit des agences régionales. Celles-ci doivent disposer de quatre-vingts personnes chacune. Le ministère des Finances limite les ambitions à vingt-cinq personnes ; avec vingt-deux régions, cela fait quand même cinq cent cinquante-cinq personnes.

Les relations avec EDF sont tumultueuses et l'ancêtre de l'ADEME s'oppose déjà à l'hégémonie du nucléaire.

Bernard Laponche, directeur des programmes en 1982, deviendra directeur général de 1984 à 1987. Avec ses amis politiques, il dispose de tous les outils pour imposer ses vues : des moyens budgétaires considérables et un personnel nombreux, dont il peut surveiller le recrutement et la « formation », répartis sur la totalité du territoire national. L'œuvre de transformation du système énergétique selon sa vision idéologique et sa méthode de l'entrisme se met en action.

Quand, en 1991, l'AFME est fusionnée avec deux autres agences : l'Agence nationale pour la récupération et l'élimination des déchets (ANRED) et l'Agence pour la qualité de l'air, pour former l'Agence de l'environnement et de la maîtrise de l'énergie (ADEME), l'orientation politique est déjà donnée et les compétences, le pouvoir et l'influence de l'ADEME s'élargissent tout en gardant cette autonomie qui la caractérise et un ancrage sur la totalité du territoire avec un millier de salariés. Le levier pour transformer le système énergétique français depuis le cœur de l'État s'active et va pouvoir étendre son influence sur tout le ministère de l'Environnement. Celui-ci est méthodiquement investi par des nominations « d'amis » bien-pensants à la tête de ses services et directions.

L'ADEME ne recule devant aucune manœuvre pour tacler le nucléaire. Ainsi a-t-elle affirmé que la production d'un kWh d'électricité nucléaire émettait 66 g de CO_2, avant de rectifier le chiffre pour aboutir à 6 g par KWh, soit onze fois moins ! « *Une coquille* », se justifiera l'ADEME. Récemment, elle a édité une infographie sur les énergies, à destination des enfants des écoles via leurs enseignants, dans laquelle elle classe le nucléaire comme une énergie fossile, donc à ce titre aussi à proscrire. Ces méthodes sont familières aux pratiques sectaires qui usent du mensonge et de la manipulation sauf que, là, nous avons affaire à un service public.

Cette dérive, qui fait tache dans une administration d'État loyale, a été rendue possible par la nomination de ministres de l'Environnement qui ont été, depuis trente-cinq ans, soit militants soit complaisants, au mieux indifférents. Huit proviennent de la mouvance écologiste, principalement nommés à la tête de ce ministère par la gauche ; mais pas que. Exigence des partis se réclamant de l'écologie politique, ces nominations sont venues conforter l'idéologie antinucléaire qui avait été méthodiquement instillée dans les services du ministère.

Le cas de Dominique Voynet, nommée en 1997 ministre de l'Aménagement du territoire et de l'Environnement, est caractéristique et important quant à cette imprégnation et à des décisions particulièrement délétères pour la filière. Son directeur de cabinet, Pierre Radanne, est un militant écologiste officiellement hostile au nucléaire et qui milite pour son remplacement par les énergies renouvelables. Il a pour directeur adjoint... Bernard Laponche. L'investissement de la place va être total et des décisions lourdes contre l'avenir nucléaire vont pouvoir être prises.

La première d'entre elles – et la plus importante – a été imposée à Lionel Jospin par les Verts dont les députés étaient indispensables pour gouverner. Il s'agit de l'arrêt définitif de Superphénix qui se trouve alors en cours d'arrêt programmé pour maintenance. Après plusieurs recours et un arrêt du Conseil d'État cassant la décision de reprise, le Premier ministre confirme que le réacteur ne redémarrera pas. Décision qui coûtera 12,2 milliards de francs (1,8 milliard d'euros, valeur 1998) dont 90% resteront à la charge d'EDF.

Autre cas emblématique : Nicolas Hulot. Rendu célèbre en tant que producteur et animateur de l'émission de télévision *Ushuaïa*, Nicolas Hulot est un adepte de l'écologisme, idéologie dont le penseur britannique James Lovelock est un des inspirateurs. Son charisme, son pouvoir de séduction et sa popularité ont fait de lui un influenceur public puissant. À l'image de sa personnalité, il entretient un rapport complexe avec la politique, dont les responsables de tous bords le courtisent. En 2005, il a convaincu, quasi marabouté, Jacques Chirac, d'introduire dans la Constitution le « principe de précaution ». Jacques Chirac était devenu sourd aux réserves les plus expresses de ses amis et de certains de ses conseillers. Ces derniers avaient raison puisque le principe de précaution, élevé au niveau constitutionnel, a eu sur la recherche et l'innovation de rupture, les sauts technologiques, les mêmes effets que les trente-cinq heures sur la compétitivité économique de la France. Cette introduction au plus haut niveau de notre droit était inutile puisque ce principe nous est déjà imposé par une directive européenne, transcrite dans la loi nationale. En 2007, Nicolas Hulot réussit à faire signer par la plupart des candidats à l'élection présidentielle son Pacte écologique. Cet engagement conduira Nicolas Sarkozy à organiser le Grenelle de l'environnement avec des conséquences directes très handicapantes pour les biotechnologies, mais aussi de façon plus perverse pour la filière nucléaire.

Nommé par Emmanuel Macron, le 17 mai 2017, ministre d'État, ministre de la Transition écologique et solidaire, Nicolas Hulot obtiendra la fermeture anticipée de Fessenheim. Avant de démissionner avec fracas le 4 septembre 2018 ! À la direction de son cabinet, Michèle Pappalardo illustre bien le parcours de ces hauts fonctionnaires aptes à surmonter la contradiction entre leur devoir et leurs convictions. Ou leur intérêt. Ayant choisi de servir constamment l'intérêt supérieur du pays, ils peuvent fermer les yeux sur des décisions dont ils sont partie prenante et dont ils connaissent les motivations et les effets.

Comme le note Marc Fontecave, « *nos écologistes ne tiennent pas la distance comme ministres.* » Nicolas Hulot a tenu quinze mois et onze jours, Cécile Duflot, moins de deux ans. « *Tout simplement parce que la base idéologique sur laquelle sont construits leurs engagements, comme ceux de la plupart des écologistes français, s'accommode difficilement des contraintes, non seulement économiques, politiques et sociales, mais également scientifiques et technologiques, qui limitent les évolutions du monde réel*[15]. » Une base qui repose sur des piliers virtuels : le catastrophisme qui appelle l'urgence ;

15. Marc Fontecave, *ibid*, p. 55.

la croyance que tout le monde est convaincu de la priorité environnementale et prêt à des sacrifices pour l'assumer ; la certitude que les technologies sont là et qu'il suffit de les imposer le plus vite possible. Barbara Pompili partage ces convictions, même si elle manifeste une capacité supérieure à faire passer des vessies productivistes pour des lanternes écolos.

Le constat vaut aussi pour des ministres de l'Environnement nommés par la droite. Ainsi de Corinne Lepage sous le gouvernement d'Alain Juppé. Avocate, elle a défendu le canton de Genève dans sa démarche visant à la fermeture du surgénérateur Superphénix. Devenue ministre, dans une position qui a tout du conflit d'intérêts, elle essaiera de s'opposer à son redémarrage en septembre 1995, après un arrêt dû à un incident, allant même jusqu'à menacer de démissionner du gouvernement Juppé, ce qu'elle n'a pas fait et Superphénix a pu redémarrer. Vingt-cinq ans plus tard, Corinne Lepage est à nouveau l'avocate rétribuée par des Suisses visant à faire fermer la centrale de Bugey.

En vingt-cinq années, les ministres de l'Environnement ont été durant dix-huit ans des ministres ouvertement militants antinucléaires et seulement sept ans des ministres en principe favorables au nucléaire, mais en réalité souvent peu concernés ni informés sur la question énergétique et nucléaire. Ce qui a laissé la voie libre à l'influence des ONG antinucléaires pour investir le ministère.

Jamais les services du renseignement intérieur ne semblent avoir alerté les présidents de la République ou les Premiers ministres de la politisation des services d'un important ministère pesant sur les choix énergétiques du pays. Dans les arbitrages interministériels jusqu'en 2007 puis, à partir de cette date, totalement et seul compétent sur l'énergie, échappant ainsi à une évaluation collective des décisions. En effet, en cette année qui consacre son arrivée à l'Élysée, afin de dessiner un très grand ministère à son numéro deux du gouvernement, Alain Juppé, le président de la République Nicolas Sarkozy transfère la compétence sur l'énergie du ministère de l'Industrie, où elle avait toute sa place, au ministère de l'Environnement. Alain Juppé resta en poste quelques semaines pour cause de défaite aux législatives, mais l'énergie resta à l'Environnement ! Lequel ministère tenta même de s'emparer de la sûreté nucléaire militaire. Heureusement sans succès, mais dans sa logique politique radicale, il a essayé !!!

Nommé pour remplacer Alain Juppé, Jean-Louis Borloo est une personnalité politique habile. Centriste aux amitiés transpartisanes, il n'en congédie pas moins le directeur de cabinet choisi par son prédécesseur, Christian Frémont, qui ne partageait pas la sensibilité politique dominante dans les services du ministère. Pour ce poste essentiel, il recrute un autre préfet, Jean-François Carenco, tout aussi compétent, aux amitiés lui aussi transpartisanes et de sensibilité de gauche. Un préfet réputé pour sa force de travail et son aisance à négocier avec la gauche ; bref, le profil idéal pour diriger son cabinet.

Ainsi organisé, le ministère de l'Écologie ouvre une séquence pour le moins ambiguë avec le monde de l'écologie politique : c'est le Grenelle de l'environnement, destiné à concrétiser le Pacte écologique de Nicolas Hulot que Nicolas Sarkozy avait signé durant sa campagne.

Le Grenelle va constituer une occasion inespérée pour les antinucléaires – présents en nombre, dont Yannick Jadot, autour de la table – de pousser au développement des énergies renouvelables au détriment de la filière nucléaire. Il n'est pas certain que le ministre ait compris vers où on le menait, mais son directeur de cabinet sera nommé par François Hollande, en 2017, à la tête de la Commission de régulation de l'énergie (CRE). Alors que ses prédécesseurs, Jean Syrota, XMines, et Philippe de Ladoucette, Ponts, y assumaient un rôle très technique, Jean-François Carenco s'engage sur des terres plus politiques en se montrant plus sévère à l'égard du nucléaire qu'avec les énergies renouvelables. Au printemps 2021, la Cour des comptes dénonce des dysfonctionnements dans la gouvernance de la CRE : « *Le régulateur a parfois cherché à assumer des responsabilités délaissées par l'administration centrale.* » Et d'appeler à « *un recentrage sur ses missions essentielles* ».

« *Le ministère de la Transition écologique est un cas d'école* », observe Christian Harbulot. Et le directeur de l'École de guerre économique n'oublie pas les responsabilités de la droite qui a laissé faire. « *Elle doit prendre la parole pour dire qu'il est vital de recréer un véritable ministère de l'Industrie et pas seulement une direction générale des entreprises. Il faut désosser en partie le ministère de la Transition écologique. Il se présente comme le ministère de l'Industrie renouvelée ! C'est faux !* » Reconnaissons en effet que la droite, pourtant favorable au nucléaire, n'a pas vu venir le danger. Par naïveté au mieux ; par négligence, au pire. Ou l'inverse !

Cet appel au bon sens doit dépasser les clivages partisans. Déjà d'éminentes personnalités politiques – de gauche, comme Jean-Pierre Chevènement, Hubert Védrine, Arnaud Montebourg, André Chassaigne ; la plupart des responsables de droite ; le centriste emblématique qu'est François Bayrou, dont il faut saluer dans cette affaire le courage – se retrouvent pour défendre notre atout nucléaire. L'écologiste François de Rugy y vient. Ne désespérons pas de ses collègues plus radicaux ! Lorsque l'essentiel est en jeu, les jeux politiques doivent cesser.

CHAPITRE 9

MENSONGES ET MYSTIFICATION

L'écologie politique raisonne faux sous des airs scientifiques. Pour nous renvoyer à l'âge de pierre ?

Les écolos nous mentent ! affirme sans ambages Jean de Kervasdoué dans son dernier livre (Flammarion). Scientifique, économiste de la santé, il en fait la démonstration au long de 205 pages. En collaboration avec Henri Voron, hydrologue, il dénonce les clichés environnementalistes, l'absence de preuve, la manipulation par la peur. D'où des mises au point qui se révèlent quasiment iconoclastes : le monde ne manquera pas d'eau ; les OGM (organismes génétiquement modifiés) sont une chance pour bien nourrir l'humanité et, dans son opposition, sous l'action illégale et violente des faucheurs volontaires de José Bové, la France a perdu ses chercheurs ; la nourriture bio n'est pas meilleure à la santé que celle issue de l'agriculture classique. Et « *le nucléaire, c'est l'avenir !* », affirmation qui fera s'étrangler la plupart des écologistes qui s'exposent à perdre là leur raison d'être.

Décrivant « *les ruses du mensonge* », les auteurs expliquent comment les écologistes ont quitté les rives de la raison pour s'égarer dans le champ des croyances, des approximations, des confusions. Préserver la « nature », certes, mais laquelle ? Celle des fleurs et des abeilles ou celle des moustiques qui transmettent le paludisme et celle du Sars-Covid-19 ? Partageant avec le pétainisme l'attachement à « *une terre qui ne ment pas* », expression des années sombres, l'écologie politique est malthusienne. Un enfant consommant de la nourriture et des biens rejette du CO_2. Il faudrait donc limiter les naissances. Ce qui rappelle en effet l'économiste anglais prévoyant que l'agriculture mondiale ne pourrait jamais nourrir une population en hausse. Il n'avait pas imaginé l'invention de la machine à vapeur et des engrais.

Aussi peu imaginatifs, nos écologistes manifestent souvent d'étranges façons de raisonner. « *L'écologie politique abuse de la confusion entre risque et danger*[16] », expliquent les deux scientifiques. Ce n'est pas parce qu'un produit est potentiellement dangereux qu'il fait courir un risque. Boire trop d'eau est une maladie – la potomanie – qui peut devenir mortelle ! Et, toute plante qu'il soit, le tabac reste dangereux. Tout est question de doses... De même, ce qui est normal n'est pas moyen, les écarts de la moyenne étant normaux ! Quant aux conclusions de causalité, elles ne tiennent pas qu'à la concomitance. Un Anglais qui boit du gin avec du Perrier, puis du whisky avec ce même Perrier et, enfin, de la vodka mélangée à cette eau pétillante et en tire à chaque fois un fort mal de tête, risque de conclure que c'est l'eau et non l'alcool qui le rend malade. À tort, bien sûr !

16. Jean de Kervasdoué, *Les écolos nous mentent !*, p. 166.

Lorsque des expériences se révèlent impossibles à réaliser – polluer volontairement une rivière pour mesurer l'effet de tel polluant –, les scientifiques usent de « *modèles* ». Mais ceux-ci reposent sur des hypothèses parfois très fragiles qu'il est difficile à démonter. Ce qui renvoie souvent à plusieurs scénarios allant du plus rassurant au plus inquiétant. Inutile de préciser celui que préfèrent nos écologistes politiques ! Ainsi des rapports du GIEC : ils sont toujours précédés de « *fuites* » dans la presse pour aiguiser les appétits. Et ces fuites concernent toujours le scénario le plus catastrophique ! C'est celui-là que l'opinion retiendra, les autres étant oubliés lors de la publication officielle du rapport.

Même imprécision lorsqu'il s'agit de prouver la toxicité d'un produit comme le glyphosate ou un médicament. Pour s'assurer que le lien éventuellement trouvé entre la molécule incriminée et l'organe modifié n'est pas dû au hasard, de multiples analyses sont nécessaires, doivent être testées et répliquées. Or, l'association Générations futures, qui alimente les polémiques sur les risques chimiques, se fonde sur des listes fantaisistes élaborées par l'ONG TEDX qui inclut des produits dont l'examen n'a jamais été doublé.

Qu'importe ! De toute façon, il reste toujours ce qui relève de la « *preuve diabolique* ». À savoir démontrer qu'un produit ou un mécanisme ne sera « *jamais* » dangereux pour l'environnement. C'est impossible, car tout ne peut être testé et une concomitance demeure possible. Vivent les sophistes !

Jean de Kervasdoué et Henri Voron rejoignent ainsi Loïk Le Floch-Prigent lorsqu'il déclare : « *Le rapprochement des ONG environnementales avec l'action politique coïncide avec un éloignement de la science, de ses connaissances, de la recherche, avec ses doutes. Le militant politique est rempli de certitudes, de dogmes et de solutions. Plus la science s'estompe et plus le remède d'une décroissance imposée se développe*[17]. » Au nom du bien, évidemment.

Il est vrai que cet « à peu près » dans les savoirs donne toute latitude aux manipulateurs de l'opinion. Lesquels usent aussi très habilement du mensonge par omission. Ainsi des scénarios portant sur une sortie totale du nucléaire au bénéfice d'un monde 100% énergies renouvelables. Celles-ci ont certes toute leur place à côté du nucléaire. D'autant plus que la décarbonation indispensable des transports, des bâtiments et de l'industrie va considérablement augmenter la demande d'énergie qui pourrait atteindre 750 à 900 TWh, peut-être même plus, en 2050 si les électrifications ont bien été réalisées. Les antinucléaires – pour rendre crédibles leurs courbes dessinant l'avenir radieux du vent et du soleil – sous-évaluent systématiquement les besoins futurs en énergies. À l'inverse, ils surestiment tout aussi constamment les fruits de l'efficience et de la sobriété énergétiques. Ce qui finit par donner beaucoup de non-dits et de tromperies. Mais ces excès dans un sens et dans l'autre cachent mal le dessein de décroissance qu'ils nourrissent et taisent. Les scénarios de NégaWatt, Greenpeace et autres, dont s'est inspiré très largement l'ADEME, ou les deux Programmations pluriannuelles de l'énergie (PPE), celle de Ségolène Royal puis celle de Nicolas Hulot, s'inscrivent dans cette stratégie dogmatique, irréaliste et dangereuse. À terme, s'ils continuaient d'être imposés de force,

17. Loïk Le Floch-Prigent, *ibid*, p. 55.

la prétendue transition écologique aurait été une trahison écologique.

Il est utile de prendre le temps de décortiquer ces schémas d'un futur énergétique qui, sous des apparences heureuses, risquent fort de promouvoir un monde terrifiant.

Maître de conférences à l'université d'Artois, Bertrand Cassoret s'est ainsi penché sur les scénarios de NégaWatt. L'analyse précise des hypothèses, en montre la précarité et les effets catastrophiques sur notre environnement ; celle des non-dits dresse un décor de retour en arrière dont il est peu probable qu'il soit accepté par les Français. Point de départ : en 2050, les énergies renouvelables, sans les fossiles et le nucléaire, couvriront la quasi-totalité de nos besoins.

Cela implique que l'éolien puisse fournir 247 TWh contre 24 TWH en 2017, soit dix fois plus ! Il faudra dès lors passer de 7000 éoliennes terrestres à 20 000 et de zéro éolienne maritime à 4000. « *La production électrique française pourrait être assurée par des éoliennes si on en installait de façon la plus dense possible sur 17 000 km², soit sur une bande côtière de 5 kilomètres de large sur l'ensemble des côtes françaises*[18] », écrit Marc Fontecave. Imaginons le spectacle de ces bords de mer hérissés de mâts qui ne sont pas ceux de beaux voiliers ! Vu les contestations dès qu'il est question d'installer quelques éoliennes à proximité d'habitations, l'exercice prospectif de NégaWatt connaît des limites. D'autant que la durée de vie des machines étant inférieure à 25 ans, le rythme actuel d'installation devra être triplé rien que pour maintenir la puissance installée nécessaire.

18. Marc Fontecave, *ibid*, p 145.

Côté photovoltaïque, la production d'électricité devrait être multipliée par 18, ce qui suppose que le rythme d'installation soit 7 fois supérieur au rythme actuel. Si tous les pays suivent cette voie, il est peu probable que les usines de fabrication d'éoliennes et de panneaux soient capables d'une telle production. Quant au personnel qualifié, il risque de manquer autant que les emplacements nécessaires. Sans parler des effets nocifs en matière d'environnement et des problèmes d'intermittence. Lesquels supposent des investissements considérables dans les usines de transformation massive d'électricité en gaz, technologie encore au stade expérimental et aux rendements faibles.

Malgré ces incertitudes, voire ces aberrations, le scénario NégaWatt retient la réduction de 65% de la demande en énergie primaire alors que la population augmenterait de 15%. Invraisemblable ! Mais nos prestidigitateurs ont des ressources, au moins langagières. Il suffit donc de faire appel à « *l'efficacité énergétique* ». Ce qui recouvre l'amélioration des techniques rendant les mêmes services en consommant moins. Le double vitrage des fenêtres, par exemple, ou le meilleur rendement des chaudières à condensation pour le gaz. À supposer que cette « *efficacité* » puisse être mise en œuvre aisément, elle n'assurerait que 40% de la baisse de la consommation d'électricité programmée par NégaWatt. Le reste proviendrait donc de la « *sobriété énergétique* ». Autrement dit, le fait de choisir les usages les plus utiles, de « *restreindre les plus extravagants et de supprimer les plus nuisibles* ». « *Utiles* », « *extravagants* », « *nuisibles* »... Les mots suintent d'une subjectivité dangereuse, s'appuyant sur une morale de la restriction. Celle-ci évoquerait presque

« *l'économie bourgeoise* » d'autrefois avec sa hantise de tout gaspillage. Dit plus directement, les Français devront renoncer à des biens et des services jugés superflus par nos Pères Fouettard et vivre de façon frugale.

Le logement est particulièrement visé. Pour baisser de 49% la consommation résidentielle et tertiaire, NégaWatt prévoit une stabilisation du nombre d'habitants par foyer – ce qui montre du doigt les célibataires –, le choix de l'habitat en petit collectif au détriment des maisons individuelles, une division par trois des logements construits et leur surface réduite de 25%. Avec un accent particulier mis sur l'optimisation du chauffage et l'isolement des logements. Pour NégaWatt, 780 000 logements devraient être rénovés chaque année pour les amener à une consommation de chauffage moyenne, très largement sous-estimée sauf à grelotter en hiver, de 40 kWh/m² par an. Malgré des plans à répétition, les résultats restent très décevants. Parce que l'objectif est hors d'atteinte. « *Sauf si l'énergie manque et que les habitants ont froid* », note Bertrand Cassoret !

Le reste de la démonstration n'est guère plus réjouissant. Deuxième secteur de dépense d'énergie, les transports subiraient une baisse digne de celle due à la Covid-19 : diminution de 26% du nombre de kilomètres parcourus par personne chaque année. Soit deux fois moins de déplacements de plus de 1500 km, la fin des vols intérieurs et trois fois moins de vols internationaux. Exclue des grandes villes, la voiture individuelle dans les campagnes devrait atteindre un taux de remplissage de 2,4 personnes par véhicule contre 1,59 actuellement, soit une hausse de 50%. Le transport de marchandises diminuerait de 17%. « *Se déplacer moins, ce n'est pas seulement moins partir en vacances, c'est aussi moins voir sa famille et ses amis, avoir moins d'échanges avec les étrangers, avoir plus de difficultés à travailler, à se fournir en nourriture et matériaux de construction...* », résume l'auteur.

Au cas où le lecteur du scénario NégaWatt aurait quelques interrogations sur ce qui est « *utile* » ou « *nuisible* », Bertrand Cassoret détaille les projets d'une énergie 100% renouvelable :

« • *baisse de 29% de la quantité d'eau chaude consommée par personne*
• *baisse de 22% du nombre de cycles de lave-linge*
• *baisse de 18% du nombre de cycles de lave-vaisselle*
• *baisse de 18% du taux d'équipement en sèche-linge*
• *baisse de moitié du taux d'équipement en congélateurs*
• *baisse de 33% de l'usage du fer à repasser*
• *passage de 8 à 5 heures d'éclairage par jour dans le tertiaire*
• *disparition des consoles de jeux*
• *baisse d'un tiers du nombre d'écrans par foyer*
• *division par 3 du nombre d'ordinateurs par foyer*
• *division par 2 du nombre de lecteurs musicaux.* »

Quelle promesse d'un monde supposé nouveau qui ressemble fort à celui d'autrefois, en pire ! Avec moins de matériaux consommés, donc moins d'usines, donc moins de travail... mais aussi moins de loisirs, moins de rencontres, moins d'ouverture sur le monde. Cette société du moins signifie une économie décroissante où régnera une forte sélection par l'argent : les riches garderont leur confort, les pauvres retrouveront une vie plus dure. Et les changements attendus semblent si importants qu'on voit mal les Français les accepter sans peine. Faudra-t-il les leur imposer ? Et comment ?

Et tout cela – le risque d'une dictature verte – parce qu'il n'est pas question d'admettre les bienfaits d'une énergie nucléaire décarbonée ! Une énergie qui symbolise le mal absolu dans ce qui apparaît comme une nouvelle religion. Avec les mêmes méthodes que les sectes, leurs gourous et leurs adeptes, le mensonge par omission ou par dissimulation ne suffisant plus, les tenants de cette nouvelle fin du monde n'hésitent pas à user de manipulations, de mystifications. Pour convaincre, tout est possible : l'instrumentalisation des peurs, la menace, la disqualification de l'interlocuteur qui n'est pas d'accord en l'accusant des pires travers, l'invocation à l'envi d'influences qui n'existent pas. Et plus c'est gros, plus ça passe. Ainsi en est-il de la dénonciation du prétendu lobby nucléaire et du silence assourdissant sur le lobby national et européen des énergies renouvelables. L'ensemble des acteurs du nucléaire ont certes soutenu la filière. C'était il y a bien longtemps ! Depuis une vingtaine d'années, ils se sont en effet tus. Le nucléaire dépendant des pouvoirs publics, c'est-à-dire des autorités politiques, ils ont adopté une discrétion en phase avec les préférences de la tutelle. Donc proportionnelle à la montée de l'influence des antinucléaires. Même l'opérateur historique, EDF, a eu le nucléaire honteux jusqu'à la fin de l'année 2021. Sa communication portant surtout sur ses initiatives dans les énergies renouvelables. Dans les couloirs des assemblées parlementaires, dans la liste des représentants des groupes d'intérêts à l'Assemblée nationale comme au Sénat, on cherche en vain les représentants de ce lobby. Lequel ne sévit pas plus sur les antennes de télévision, les ondes des radios et les colonnes de la presse écrite. Même en cherchant bien.

Quel contraste dès qu'il s'agit des énergies renouvelables ! Leurs lobbys agissent au grand jour dans les assemblées, la publicité est omniprésente et la confusion des genres ne choque personne. Celle-ci pourtant donne lieu à des situations aux relents de conflits d'intérêts lorsqu'un dirigeant de l'ADEME, tel Jean-Louis Bal, se retrouve à la présidence du Syndicat des énergies renouvelables, syndicat défendant les éoliennes ou le photovoltaïque. Sans parler d'éminentes personnalités connues pour leurs combats environnementaux et leur hostilité au nucléaire qui se trouvent rétribuées par des industriels étrangers de l'éolien, nous le verrons plus loin.

En fait d'influence, le cas de la Règlementation thermique des bâtiments RT2012 est instructif. Cette réglementation fixe les exigences de résultats en matière de conception du bâtiment, de confort et de consommation d'énergie ainsi que les exigences de moyens. À l'issue du Grenelle de l'environnement, le lobby antinucléaire et le lobby du bâtiment, tous deux bien représentés, ont pu se réjouir d'un coup de maître servant les intérêts de chacun d'eux. En effet si la RT2012 fixe un plafond de consommation énergétique bas à 50 KWh par mètre carré et par an, ce qui exige des mesures techniques et d'isolation coûteuses, il est précisé que cette consommation s'apprécie en consommation d'énergie finale (KWhEF) à ne pas confondre avec l'énergie primaire (KWhEP). Or par pure convention, du fait des pertes liées à la production, la transformation, le transport et le stockage de l'énergie, si 1 KWhEF correspond à 1 KWhEP pour toutes les énergies (fioul, gaz, bois...), 1 KWhEF correspond à 2,58 KWhEP pour l'électricité. Ce qui signifie que les 50 KWh/m² étaient atteints deux fois et demie plus vite avec le chauffage électrique, lestant ce dernier d'un handicap quasi insurmontable. Au profit du gaz et sans considération du caractère décarboné de l'électricité en France ! La ficelle était si grosse que la RT2020 est revenue sur cette disposition qui servait les intérêts du lobby du bâtiment et du gaz et rendait moins invraisemblable la sous-évaluation des besoins futurs en électricité que retiennent les ONG antinucléaires comme NegaWatt et le scénario de l'ADEME qui s'en inspirait.

Rien de très incohérent puisque l'association militante décroissante Negawatt reçoit 249 000 € de subventions notamment de RTE et de l'ADEME, soit près de la moitié de son budget finançant les 6 équivalents temps plein qu'elle emploie.

CHAPITRE 10

LES HABITS VERTS DE L'ANTICAPITALISME

Les « objecteurs de croissance » veulent la fin de la société de consommation. Une revendication qui rappelle celle de Mai-1968. Qui veut perdre son confort ?

« *Des slogans qui ont une barbe incroyable !* » Aux journées d'été d'Europe-Écologie-les Verts, en 2016, Daniel Cohn-Bendit s'énerve face aux appels à la « *décroissance* » lancés par Yves Cochet et le politologue Paul Ariès. La figure symbolique des événements de Mai-68 sait de quoi il parle. À cette époque-là déjà, lui-même et ses acolytes de *Révolution* brandissaient les mêmes mots d'ordre contre « *l'aliénation* » induite par le capitalisme et la société de consommation. Avec le succès que l'on connaît : en juin suivant, les gaullistes obtiennent une écrasante majorité à l'Assemblée nationale après des législatives provoquées par Georges Pompidou.

Pour Cohn-Bendit, « *l'anticapitalisme, c'est la recherche de slogans qui ne fonctionnent pas.* » De quoi se retrouver à 1,5% des suffrages exprimés !

Le symbole des Rouges/Verts n'a pas été écouté. Cinq ans après ses mises en garde, les écologistes politiques retrouvent leurs penchants anticapitalistes et débattent ardemment de la « *décroissance* » en vue de la présidentielle de 2022. Candidate à la primaire d'EELV, l'ancienne ministre de l'Environnement Delphine Batho en avait fait l'axe de son programme. Sans totalement convaincre, puisqu'elle ne figurera pas au second tour, mais elle obtiendra quand même près du quart des voix. Prudent, Yannick Jadot esquivera la question. Sandrine Rousseau en fait un projet global de société. Au-delà du « packaging », ils partagent tous cette idée qu'il convient d'arrêter la marche vers plus de PIB (Produit intérieur brut). Au moins ont-ils la lucidité minimale sur ce à quoi aboutirait leur programme !

Nous avons vu dans un précédent chapitre à quel point le projet d'une électricité « *100% renouvelable* » était irréaliste en l'état actuel des technologies. Il faut y ajouter une agriculture de proximité et bio, qui demande beaucoup plus de main-d'œuvre, des entreprises relocalisées, un revenu minimum, la fermeture des frontières, la fin de la publicité, le contrôle des marchés financiers et l'impôt comme outil majeur pour forcer aux changements de comportement... Un retour au temps des Amish, a ironisé le président de la République. Encore cette communauté américaine marquée par le puritanisme a-t-elle choisi volontairement de rester en marge de la modernité. Comment imposer cette orientation à des millions de personnes qui n'en veulent pas ? « *Les gens vont-ils accepter d'avoir beaucoup moins de revenus ?* », interroge la sociologue Dominique Méda pourtant favorable à une rupture « *rapide et forte avec le capitalisme* ».

En réponse aux soixante-huitards qui voulaient rendre visite aux filles dans les cités universitaires encore « *genrées* », comme on dit aujourd'hui, et mettre à la poubelle machines à laver, téléviseurs et voitures, un philosophe nancéien, Raymond Ruyer a osé publier un provocateur *Éloge de la société de consommation* (Calmann-Lévy). « *La révolte contre l'économie est vieille comme l'activité économique, c'est-à-dire vieille comme le monde* », rappelle-t-il. Pour une raison simple : travailler fatigue et l'économie traduit cette dure réalité. « *À la première issue possible, on essaie d'échapper à cette insupportable pression,* écrit l'auteur. *On court vers les grands jeux : la magie, la mystique, la religion, l'ascétisme, la drogue, l'art, la danse, le théâtre, la politique, les palabres, l'aventure ou la guerre*[19]. » C'est la révolution industrielle du VGVe siècle qui a enlevé les atours religieux ou politiques des sociétés anciennes pour laisser voir le squelette et les muscles de sociétés-machines où s'activent des millions d'entreprises et de travailleurs. Le résultat se révèle plus efficace, mais moins beau et moins glorieux.

Heurtés par cette « *indécente nudité* », les révoltés veulent parer de beaux plumages cette économie en la régulant et l'humanisant. Ils appartiennent à une nouvelle classe, bourgeoisie de robes plus que d'affaires, rassemblant intelligentsia, fonctionnaires, universitaires, étudiants, artistes, communicants... Tous formant un secteur tertiaire vivant de la création de richesses du monde économique, insatiable et, lui, en croissance continue. Ils réclament de plus en plus de moyens très matériels à l'État et ont trouvé

---

19. Raymond Ruyer, *Éloge de la société de consommation*, Calmann-Lévy, p. 9.

la solution pour compenser leur peu de productivité : « *Faire payer les riches* » ! Raymond Ruyer constate : « *Aux vieux griefs contre la société capitaliste – exploitation, aliénation, désordre – se mêlent aujourd'hui des griefs nouveaux, contre la société économique en général : "tragédie" de la consommation forcée, conditionnement par la publicité, méfaits de la technocratie, etc. L'"économophobie" est généralisée.* »

Le livre a été publié en 1969. Cinquante-trois ans plus tard, il n'a rien perdu de sa pertinence. Les allergiques à la rudesse du monde du travail sont toujours là, même s'ils ont adapté leur langage. Il s'agit moins de préserver l'humain que de « *sauver la planète* ». En contestant une « *croissance infinie dans un monde fini* » ! La première alerte allant dans ce sens a été le rapport Meadows, rendu public en 1972 par le Club de Rome, un groupe de réflexion international rassemblant économistes, hauts fonctionnaires et scientifiques. Intitulé *The Limits to Growth*, en français, *Halte à la croissance !* ce texte prédit l'effondrement de notre civilisation qui épuise les ressources naturelles au bénéfice d'une économie de plus en plus vorace pour servir une population en hausse exponentielle. Annonçant la fin de l'or noir, il préconise d'en réduire drastiquement la consommation.

Les prédictions du modèle n'ont pas survécu aux chocs pétroliers et aux récessions économiques des années 1980 et 2010. Les réserves de pétrole ne sont pas à sec. Les famines annoncées n'ont heureusement pas eu lieu. En 1947, les experts estimaient que 50% de la population mondiale était sous-alimentée. Aujourd'hui, cette sous-alimentation est de quasiment 0% dans les pays développés et de 13% dans les pays en voie de développement, soit trois fois moins que lors de la mise en cause de la société industrielle par le Club de Rome.

Les « désastrologues » se sont trompés. Un esprit rationnel chercherait les raisons de cette erreur. Elles ont pour noms mécanisation des travaux agricoles, progrès chimiques pour les engrais et les produits phytosanitaires, sélection des espèces, amélioration des transports et conservation de denrées... Autrement dit, l'innovation scientifique et technologique a été plus forte que l'arrivée programmée des pénuries. Nos contempteurs de l'économie peinent à l'admettre. Les voici donc qui transfèrent leurs angoisses existentielles de la rareté des ressources à la profusion des gaz à effet de serre qui vont chauffer la terre et la rendre invivable. Le résultat reste le même : il faut se serrer la ceinture et réduire ses envies pour retarder l'Apocalypse !

BL Évolution, cabinet conseil pour la transition écologique, a calculé les changements de modes de vie nécessaires si la France veut respecter le scénario du GIEC (2018) limitant le réchauffement à 1,5°C. Un tel objectif implique de réduire, d'ici à 2030, d'un tiers l'empreinte carbone de chaque Français (3,7 tonnes de CO_2). Ce qui imposerait de :

- interdire de construire des maisons individuelles et limiter à 30 m² la surface par personne dans l'habitat collectif
- limiter à 19°C la température dans les logements et couper les chauffages entre 22h et 6h pour descendre à un maximum de 17°
- diminuer de moitié la consommation d'électricité par jour et par personne et taxer pour décourager de consommer plus

- interdire la vente des véhicules consommant plus de 4 l/ 100 km dès 2020
- limiter à 100 km/h la vitesse sur les autoroutes
- augmenter le taux de remplissage de 1,6 à 2,5 personnes par véhicule
- baisser de 5% les kilomètres parcourus par personne et par an
- généraliser le télétravail deux jours par semaine
- limiter à 25 kg la consommation de viande par personne et par an, au lieu de 90 kg aujourd'hui
- instaurer des quotas pour limiter les importations de produits comme le chocolat, le café, les fruits exotiques
- interdire tout vol hors d'Europe non justifié
- autoriser deux vols aller/retour long courrier par jeune de 18 à 30 ans
- allonger la durée de vie minimale à 4 ans pour un smartphone, 8 ans pour un ordinateur portable, 12 ans pour un écran
- interdire de vendre des téléviseurs de plus de 40 pouces
- diviser par trois le flux des vidéos
- passer de 10 kg à 1 kg de vêtements neufs mis sur le marché par personne et par an
- diviser par trois les émissions de gaz à effet de serre des services publics et privés, dont ceux de la Santé et de l'Éducation. Les maladies rares ne seront plus soignées et une éducation complète pour tous ne pourra plus être garantie.

Le monde des écologistes politiques ressemble à un confinement pour tous et à perpétuité.

Chantre de la décroissance, ancien professeur d'économie, Serge Latouche dessine aussi les contours de cette nouvelle société : « *La remise en question du volume considérable des déplacements d'hommes et de marchandises sur la planète, avec l'impact négatif correspondant (donc une "relocalisation" de l'économie) ; celle non moins considérable de la publicité tapageuse et souvent néfaste ; celle enfin de l'obsolescence accélérée des produits et des appareils jetables sans autre justification que de faire tourner toujours plus vite la mégamachine infernale : autant de réserves importantes de décroissance dans la consommation matérielle*[20]. »

Cela implique de « *sortir de l'économie* » et de promouvoir des valeurs différentes de celles qui dominent actuellement. « *L'altruisme devrait prendre le pas sur l'égoïsme, la coopération sur la compétition effrénée, le plaisir du loisir sur l'obsession du travail, l'importance de la vie sociale sur la consommation illimitée, le goût de la belle ouvrage sur l'efficience productiviste, le raisonnable sur le rationnel, etc.* » L'objecteur de croissance reconnaît qu'il s'agit d'un « *changement radical des bases imaginaires du système* ». Il compte sur « *la pédagogie des catastrophes* » pour en convaincre les Français. On peut rêver !

Comme le note Raymond Ruyer, les « *économophobes* » méprisent les raisons qui mettent en mouvement les producteurs. D'où le souci de remplacer la recherche du profit par des mobiles plus nobles. Sans aller jusqu'à la religion saint-simonienne, les utopistes évoquent presque tous l'esprit collectif, le goût du travail bien fait, l'attrait du savoir désintéressé... Mais ces motivations risquent de se révéler vite insuffisantes. Pourquoi accepter une activité besogneuse qui ne servirait que les intérêts de ceux qui édictent ces règles

---

20. Serge Latouche, « Pour une société de décroissance », *Le Monde diplomatique*, novembre 2003.

morales ? « *Au cours de l'histoire précapitaliste, on constate que plus une classe est en principe désintéressée, noble et élevée, plus elle est coûteuse* », écrit le philosophe. Et ce sont les producteurs qui paient. En Espagne, à la fin du VTG siècle, « *la proportion entre gens qui travaillent et gens qui ne font rien est de 1 à 30* », note un historien. Cela a donné une misère effroyable et un retard qui n'a été comblé que quatre siècles plus tard !

Avec la décroissance, « *il y aura des gagnants et des perdants* », reconnaît le politologue Paul Ariès. Qui ajoute cyniquement qu'« *il s'agit de savoir lesquels et de se ranger dans le bon camp* » ! Attendons de mesurer concrètement les effets de la pandémie de Covid-19 et nous saurons qui paie le prix fort d'une chute de l'activité économique « en live ». Pour l'heure, les dizaines de milliards injectés par l'État pour soutenir les entreprises et maintenir l'emploi en masquent les effets. Mais la France vit à crédit. Entre 2019 et 2020, le déficit public est passé de 73 milliards d'euros à 350 milliards ; la dette publique a progressé de 2400 milliards d'euros à 2900 milliards ! Des chiffres qui devraient donner le tournis. Mais une heure de vérité sonnera, lorsqu'il faudra payer les dettes ainsi accumulées. Il est alors probable que ce ne seront pas les plus riches qui souffriront le plus. Faut-il en rajouter en privant la France d'une électricité fiable à un prix supportable ?

Avant de verser la société de consommation dans un trou noir de l'Histoire, il n'est peut-être pas inutile d'en établir le bilan, y compris social. En deux siècles, la richesse par habitant a été multipliée par vingt alors qu'elle avait stagné les quatre siècles précédents. En 1600, « *le plus riche des*

Français vivait moins bien qu'un Français d'aujourd'hui », note Denis Olivennes, dans un essai où il se désespère d'*Un étrange renoncement*[21]. Il insiste : « *Les inégalités ont reculé de manière spectaculaire* » : en un siècle, les 10% des ménages les plus riches ont vu leur patrimoine passer de 80% à 50% du patrimoine total des Français et leur revenu de 50% à 30% du revenu national.

Analysant sur le temps long, l'OCDE aboutit à des constats stupéfiants que résume Denis Olivennes : « *Entre 1850 et 2000, le nombre moyen d'années d'éducation par habitant a été multiplié par 3, l'espérance de vie moyenne est passée de 40 à 80 ans, la taille moyenne (excellent indicateur de bonne santé et de bonne nutrition) qui n'avait pas bougé depuis le néolithique a pris 15 cm (1,75 m), le pouvoir d'achat d'un travailleur non qualifié a été multiplié par 15.* » Si les pays développés ont découvert la prospérité, ceux en voie de développement en ont pris le chemin. La mondialisation a plus fait pour « *l'éveil* » de la Chine que la charité des uns ou les ONG des autres. Là où Bernard Kouchner apportait sur ses épaules des sacs de riz – quelle belle image ! –, les dirigeants ont favorisé la culture de ce même riz. Et incité les plus entreprenants du pays à s'enrichir... Une horreur ?

Il faut lire le petit livre de Michel Serres, *C'était mieux avant !*[22], pour mesurer à quel point le progrès scientifique et l'innovation technique ont changé nos vies. En bien. Ce serait folie que d'y renoncer. Et d'obliger ceux qui n'en profitent pas encore d'y renoncer avec nous ! Pour « *l'objecteur de croissance* » Paul Ariès, « *le capitalisme est un*

21. Denis Olivennes, *Un étrange renoncement*, Albin Michel, p. 70.
22. Michel Serres, *C'était mieux avant !*, Le Pommier, 2017, 84 p.

régime d'accumulation qui fonctionne un peu à l'image d'une bicyclette [...], c'est-à-dire que, s'il cesse d'avancer, le système tombe. » Et dire que les écologistes vantent les mérites du vélo... Toujours le confinement à perpétuité.

Un vieux fond de culture judéo-chrétienne doit-il nous convaincre qu'autant de bien-être se paie nécessairement et qu'il faut s'en sentir coupable ? Nos modes de vie menacent donc la planète ; il faut nous limiter. Comme si les moteurs du siècle passé – la science et la technique – s'étaient enrayés, voire se retournaient contre l'humanité. C'est faux ! Il ne s'agit pas de contester le réchauffement de la planète, il est là et cent fois plus rapide qu'il n'a jamais été depuis des dizaines de millions d'années ; il faut définir avec justesse le vrai défi : « *La décroissance du CO_2 sans la décroissance de la richesse collective* », ainsi que le résume Denis Olivennes. Or, « *la combinaison de différentes actions publiques et de la dynamique "naturelle" du marché peut permettre de faire face à la question environnementale.* »

C'est déjà ce qui se fait. Grâce à des innovations techniques, les industriels produisent des biens qui consomment moins de ressources et qui rejettent moins de substances polluantes. En cinquante ans, les besoins en électricité pour produire de l'acier ont diminué d'un tiers. Le rendement des chaudières à gaz a progressé de 25%. L'isolation des logements réduit les dépenses de chauffage. Grâce à l'intelligence artificielle, Google a économisé 15% de l'électricité nécessaire à ses centres de données. L'énergie nucléaire permet à la France d'être exemplaire en matière d'émission de CO_2 par habitant. Bien plus : la préoccupation environnementale s'amplifie avec le développement économique. L'Afrique émet 25%

de CO_2 par point de PIB de plus que la Chine ; celle-ci en rejette deux fois plus que l'Europe ou les États-Unis. « *Ce n'est pas moins, mais plus de croissance qu'il faudrait pour régler le problème de l'environnement* », conclut Denis Olivennes. Qui reconnaît que cette idée a de quoi faire « *se hérisser ses nattes sur la tête de Greta* » Thunberg.

Si la décision appartenait à un scientifique, sa conclusion s'imposerait : la condition première et prioritaire pour limiter les émissions de GES est de réduire l'utilisation – omniprésente dans le monde – de combustibles fossiles. Deux voies dès lors se présentent, à emprunter toutes les deux. Économiser l'énergie, d'une part ; substituer aux énergies carbonées des énergies décarbonées, renouvelables et nucléaire, d'autre part. L'importance et la place de chacune d'elles dépendent de facteurs locaux aussi divers que la latitude, le régime des vents, le degré de solidité des États, le niveau technologique... Pour les pays qui maîtrisent la filière nucléaire, le principal obstacle tient dans le choix démocratique des populations, ce qui est plus facile à dire qu'à réaliser. Cette difficulté résolue, ils pourront contribuer de la façon la plus efficace à la décarbonation générale. Le GIEC et l'AIE le spécifient.

Côté économies d'énergie, les analyses évoluent.

Déjà le PIB (Produit intérieur brut) n'est plus le seul indicateur économique et la croissance ne se mesure plus par le volume d'énergies consommées. Reste que l'aspiration au progrès est inscrite dans notre histoire contemporaine, rendant peu probable l'acceptation d'une régression forte et durable du pouvoir d'achat et du confort. L'ignorer conduirait à coup sûr vers des convulsions sociales et politiques. Aussi faut-il utiliser tous les moyens disponibles pour relever le défi climatique et environnemental de ce VVG siècle. Lequel nécessitera beaucoup d'énergies, y compris le moment venu pour décarboner l'atmosphère. Avec son nucléaire, la France peut contribuer, plus que la plupart des autres pays, à servir cette cause essentielle pour l'avenir de l'humanité.

Remplacer des centrales à charbon par des sources décarbonées, oui ; remplacer des centrales nucléaires pilotables par des énergies renouvelables intermittentes, non. Ce que justifie le mix électrique allemand, le mix français le rend injustifiable. Là se trouve toute l'irrationalité de la loi de transition énergétique pour la croissance verte (LTECV) et de la programmation pluriannuelle de l'énergie (PPE), fondées sur des bases politiques et militantes en contradiction avec les priorités climatiques, économiques et sociales.

Brillant ingénieur et militant écologiste, Jean-Marc Jancovici affirme, preuves à l'appui, que fermer Fessenheim a été une erreur. Il observe : à quantité d'électricité donnée, si on diminue la part du charbon et du gaz au bénéfice du nucléaire et des renouvelables, on abaisse le risque pour la planète. En revanche, si on réduit la part du nucléaire, à l'avantage des renouvelables mais aussi du gaz et du charbon, on augmente plutôt le péril global.

Replacer la décision politique dans la continuité des observations scientifiques, dépasser le relativisme ambiant, en utilisant tous les moyens dont nous disposons pour préserver l'avenir, est devenu urgent. Nous serions coupables devant l'Histoire si nous ne relancions pas notre filière nucléaire, un précieux patrimoine scientifique, industriel et humain, un moyen puissant d'action pour le climat et l'environnement.

Le nucléaire restera nécessaire encore longtemps, avec les autres énergies bas carbone, pour contribuer à réduire, le plus vite possible, la consommation d'énergies fossiles car leurs réserves sont finies et le temps de leur épuisement n'est pas loin. Ces réserves se sont constituées en plusieurs centaines de millions d'années et, au rythme actuel de leur consommation, elles seraient épuisées en deux siècles. Un rapport vertigineux de 1 sur 1 million, à rapprocher du réchauffement climatique 100 fois plus rapide qu'il ne l'a jamais été. Avec de tels défis, l'humanité ne peut se payer le luxe de se priver de l'atome, d'abord par sa fission, puis on l'espère avec ITER, par sa fusion. On ne peut exclure, que devant les conséquences du réchauffement climatique, l'homme se doive de chercher à décarboner l'atmosphère, sous peine de disparaître. Un défi qui paraît relever de la science-fiction. Ce sauvetage nécessiterait une énergie gigantesque pour laquelle le génie humain serait la clé, comme il l'a toujours été jusque-là face à tous les défis que l'humanité a réussi à relever depuis le début de son histoire.

CHAPITRE 11

UN PACTOLE DANS UN MONDE MAFIEUX

40,7 milliards d'euros de subventions pour 2% de la production française d'électricité ! Un constat de la Cour des comptes qui ressemble à un vrai Loto à l'usage des industriels dits « verts ».

Le « *Grand carénage* »

Pour prolonger de vingt ans la durée d'exploitation des centrales nucléaires françaises qui produisent 67% de notre électricité, l'Autorité de sûreté nucléaire impose des travaux d'adaptation d'environ 50 milliards d'euros. À Flamanville, l'EPR devrait finalement coûter 12 milliards d'euros, voire 19 selon la Cour des comptes. Les adversaires de l'énergie atomique avancent souvent le montant jugé «*faramineux*» des financements nécessaires pour maintenir une filière industrielle d'excellence, incontournable lorsqu'il s'agit de répondre à une demande d'électricité constante et à prix raisonnable. Filière dont le GIEC et l'Agence internationale de l'énergie reconnaissent qu'elle est indispensable à la transition écologique. Ils s'attardent beaucoup moins sur les montants encore plus «*faramineux*» qu'atteignent les dépenses et les subventions relatives aux énergies renouvelables : quelque 160 milliards d'euros pour les vingt prochaines années ! Et ce, au bénéfice d'industriels majoritairement étrangers.

En la matière, la France s'est inspirée de la politique énergétique allemande, dont l'histoire et l'appareil de production électrique hautement carboné n'ont rien à voir avec les nôtres. Notre voisin d'outre-Rhin a dépensé 535 milliards d'euros pour une réduction très insuffisante de ses émissions de gaz à effet de serre. Celles-ci augmenteront même en 2021 ! Preuve d'une incapacité à remplir les objectifs fixés de décarbonation.

Soucieux de lutter contre le réchauffement climatique, de nombreux gouvernements ont mis en place des leviers financiers et fiscaux en faveur des énergies décarbonées, éolienne et photovoltaïque. La panoplie se révèle large : injection prioritaire de l'électricité produite, obligation d'achat par un opérateur à un tarif supérieur à celui du marché et sur une durée garantie, exonérations d'impôts, subventions européennes, émissions de certificats carbone, taxonomie verte en Europe pour orienter les financements vers des activités considérées comme durables, obligations européennes vertes... Des sommes considérables sont ainsi prélevées dans les poches des consommateurs et/ou des contribuables pour alimenter les caisses de compagnies d'énergies renouvelables intermittentes, dont les pratiques sont pour certaines pour le moins incorrectes.

En France, le soutien essentiel aux énergies renouvelables – éolien et photovoltaïque, alors que la principale et la seule pilotable est l'hydraulique – passe par un tarif de rachat de l'électricité fixé par l'État et nettement supérieur au prix fixé par le marché. C'est à ce prix qu'EDF est dans l'obligation d'acquérir cette électricité « verte », à charge pour le fournisseur historique de répercuter ce surcoût sur la facture envoyée au consommateur, via la Contribution au service public de l'électricité (cf. Annexe 1). Et si son rendement ne suffit pas, l'État compense le manque à gagner d'EDF. Il a versé 5 milliards d'euros en 2013. Depuis cette date, la charge a atteint 9 milliards en 2019. L'automobiliste est aussi sollicité via la TIPCE (taxe intérieure de consommation sur les produits énergétiques), dite aussi « *taxe carbone* ». Sa forte augmentation en 2018 fut à l'origine de la crise des Gilets jaunes !

Le premier tarif de rachat préférentiel a été mis en place en 2001, par le ministre Yves Cochet ; il était fixé à 83,80 € le MWh. Depuis 2014, l'arrêté signé par Ségolène Royal, alors ministre de l'Écologie, l'établit à 82 € le MWh pour les dix premières années et entre 28 et 82 € pour les cinq années suivantes, en fonction de la durée de fonctionnement des centrales éoliennes.

En moyenne, les promoteurs éoliens profitent donc d'un tarif de rachat – sur quinze ans – qui rapporte deux fois plus que le prix du marché[23] ! Selon un rapport de la commission des Finances de l'Assemblée nationale, le total des subventions à l'éolien a atteint 1,4 milliard en 2019. Si l'on prend en compte les objectifs du deuxième Plan pluriannuel de l'énergie, elles s'élèveront pour les vingt prochaines années de 30 à 40 milliards d'euros.

---

23. Fabien Bouglé, *Éoliennes, la face noire de la transition écologique*, Éditions du Rocher, p. 126.

Un rapport de la Cour des comptes a sonné l'alerte en 2018[24]. En raison des contrats signés avant 2017 au bénéfice des producteurs éoliens et photovoltaïques, les soutiens publics atteindront 121 milliards d'euros ! À distribuer jusqu'en 2044, avec un pic en 2025 à 7,17 milliards et entre 7 et 5 milliards jusqu'en 2031. Les magistrats financiers dénoncent notamment les aides dispendieuses au photovoltaïque pour un résultat dérisoire. Les seuls contrats signés avant 2010 coûteront au final 38,4 milliards d'euros aux finances publiques. Pour 0,7% de la production d'électricité ! Ils coûteront encore 2 milliards en 2030 et aboutissent à une subvention de 480 € par MWh. Bien que moins faramineux, les chiffres de l'éolien surprennent. La Cour fait état de contrats qui vont coûter « *40,7 milliards d'euros en vingt ans* » pour « *2% de la production française* ». « *De ce fait, la place consacrée aux énergies renouvelables électriques dans la stratégie française répond à un autre objectif de politique énergétique, consistant à substituer les énergies renouvelables à l'énergie de source nucléaire* », conclut le rapport. Tout est dit. Depuis 2017, le soutien à l'éolien terrestre a évolué : le tarif garanti cède la place à des appels d'offres pluriannuels avec complément de rémunération sur vingt ans. Pour assurer l'équilibre financier, EDF verse aux producteurs la différence entre un tarif de référence fixé par arrêté et le prix moyen du marché. Tribut récupéré via la CSPE ou un remboursement direct par l'État. Moins intéressante que celle du tarif d'achat garanti, cette formule n'a pas satisfait le Syndicat des énergies renouvelables (SER), présidé par Jean-Louis Bal,

24. Cour des comptes, *Le soutien aux énergies renouvelables*, Communication à la commission des Finances du Sénat, mars 2018, *www.ccomptes.fr*

un ancien dirigeant de l'ADEME, qui a obtenu de Ségolène Royal, en 2017, juste avant son départ du ministère de l'Environnement, une disposition particulière : le dispositif antérieur est maintenu pour toute ferme éolienne de six mâts au plus et de 18 MW au maximum. Bien entendu, récemment, la CRE a constaté pas mal d'installations « saucissonnées » ! La proximité de certains membres dirigeants du Syndicat des énergies renouvelable avec la ministre et ses services est-elle totalement étrangère à cette décision ? L'attitude de la CRE qui se borne à signaler ces contournements abusifs des règles, sans qu'une suite ne leur soit donnée, met mal à l'aise.

Encore ces calculs de la juridiction financière ne prennent-ils en compte que l'éolien terrestre ! Les appels d'offres pour l'éolien offshore flottant de 2015 pourraient se traduire par un coût de 1,7 milliard pour moins de 100 MWe de puissance installée, et 390 GWh par an, soit... 0,07% de la production nationale, notent les magistrats. Le pire concerne les appels d'offres de 2011 et 2013 pour les six centrales éoliennes en mer qui prévoient environ 400 mâts entre Dieppe et Le Tréport sur la Manche et entre les îles d'Yeu et de Noirmoutier sur l'Atlantique.

Au démarrage, le tarif de rachat prévu s'établissait en moyenne à 280 € le MWh, soit une subvention de 180 € le MWh. Au vu de la production attendue, cela donnait 43 milliards sur vingt ans ! Une gabegie financière ! Finalement, en 2018, le gouvernement a décidé de renégocier les tarifs d'achat en vue d'une « *baisse significative* », qu'il estimait autour de 80 € le MWh. Mais, le 20 juin 2018, Emmanuel Macron le confirmait à 150 €. Sans compter le raccordement qui, du coup, incombait à RTE et donc au contribuable via le TURPE (Tarif d'utilisation des réseaux publics d'électricité). Au prix de ce dernier, la subvention atteint 1,56 milliard par an, donc 31 milliards sur vingt ans pour produire 2,4% du total de l'électricité française !

De telles sommes auraient-elles l'excuse de favoriser le développement d'une filière française dans les énergies renouvelables ? Même pas. Le photovoltaïque est complètement dominé par les Chinois qui n'ont pas hésité à vendre à perte pour se débarrasser de leurs surplus de panneaux au silicium et tuer toute concurrence. La Cour des comptes note ainsi qu'une grande part de cet argent part à l'étranger. Avec un record de déficit commercial de près de 3 milliards d'euros, en 2013, au bénéfice de l'empire du Milieu.

Sur les effets économiques, la Cour des comptes est sévère : « *Le développement des EnR a induit des effets économiques significatifs dont le bilan est aujourd'hui relativement décevant: si les retombées sur l'emploi sont réelles, elles demeurent en deçà des objectifs initiaux. La balance commerciale nette, incluant les économies théoriques d'importations de matières premières (énergies conventionnelles) évitées grâce à la production d'EnR, est positive, mais celle des équipements est déficitaire. La France ne dispose d'aucun ensemblier sur l'éolien. S'agissant du solaire photovoltaïque, la filière française est quasiment inexistante et en mauvaise santé. Quelques industriels se maintiennent toutefois sur les marchés des EnR thermiques, mais pour des volumes modestes. Les entreprises françaises qui prospèrent sont les opérateurs historiques fournisseurs d'énergie.* »

Les milliards d'euros de subventions finissent donc par alimenter une industrie éolienne en grande partie étrangère.

Les différents ministres de l'Environnement ou de l'Écologie ne peuvent pas l'ignorer. Fin mars 2019, François de Rugy organise un dîner « *informel* » au ministère de la Transition écologique au cours duquel il reçoit Marc Teyssier d'Orfeuil, lobbyiste des véhicules verts, et des personnalités travaillant dans des entreprises du monde de l'Énergie, comme Engie. « *Un dîner qui ne doit pas apparaître dans l'agenda public* », précise-t-il à l'adresse de son cabinet, qui n'y participera pas, à l'exception de Xavier Ploquin, son conseiller en énergie.

Il est vrai que François de Rugy a rendu de fiers services aux entreprises du secteur éolien. En novembre 2018, il prend un décret supprimant le premier degré pour les recours contre l'installation d'éoliennes sur terre. Ce qui impose aux associations d'opposants de saisir directement la cour administrative d'appel et, donc, de payer les frais d'un avocat. Un mois plus tard, il signe un décret supprimant, à titre expérimental dans deux régions, la présence des commissaires enquêteurs dans les enquêtes publiques. Au bénéfice d'une consultation Internet organisée par le promoteur et étudiée par un préfet sommé de réaliser les objectifs gouvernementaux d'installation de 6500 nouveaux mâts d'ici à 2028 ! Enfin, François de Rugy envisage un décret visant à annuler l'avis préalable du Conseil national de protection de la nature (CNPN) avant autorisations d'installations industrielles ou d'éoliennes ! Ce que Sharon Wajsbrot qualifie, dans un article des *Échos*, d'« *avancées législatives mises en œuvre pour aller plus vite* ». Mais qui peut être analysé autrement : un droit dérogatoire a bel et bien été mis en place pour favoriser les promoteurs d'énergies renouvelables. Au pays des droits de l'homme, où l'on est si prompt à flairer le conflit d'intérêts, cela en dit long sur la puissance d'influence de leur lobby.

Selon Fabien Bouglé, « *le lien entre le parti EELV et les promoteurs éoliens est ouvertement établi par Jean-Yves Grandidier*[25]. » Qui est donc ce fondateur et président du groupe Valorem, important producteur français d'électricité renouvelable ? Membre très actif du parti écologiste, c'est lui qui a cofondé France Énergie Éolienne, syndicat professionnel œuvrant à des modifications de la loi en faveur du secteur qu'il défend. Au point de demander une réforme de la prise illégale d'intérêts qui freine l'accord des maires pour l'installation des mâts. Jean-Yves Grandidier appartient, par ailleurs, au cercle des amis de Yannick Jadot, député européen, candidat à la présidentielle et ancien activiste au sein de Greenpeace.

Valorem a figuré également au comité de pilotage de l'OFATE (Office franco-allemand pour la transition énergétique), un lobby de défense et de promotion de l'industrie éolienne financé par les deux gouvernements (à hauteur de 38,5% chacun), de droit germanique et abrité dans les locaux du ministère de la Transition écologique à La Défense ! Parmi les adhérents de cet office, il côtoie la fine fleur des entreprises du vent : l'Italien Enel, premier énergéticien en Europe, EDF renouvelables, BKW, une des plus importantes entreprises suisses de fourniture d'électricité, le gestionnaire américain d'actifs Blackrock, le Québecois Boralex, l'Européen E.ON, Enedis, Engie, l'Allemand RWE, Veolia, Siemens, Total, WPO, EnBW,

25. Fabien Bouglé, *ibid.*, p. 167.

groupe spécialisé dans les énergies renouvelables et sa filiale Valeco... S'y retrouvent France énergie éolienne, bien sûr, et le Syndicat des énergies renouvelables que préside Jean-Louis Bal, l'ancien dirigeant de l'ADEME. À cet écolo-business s'ajoutent enfin Greenpeace et WWF ! Bien des commissions d'enquête parlementaires ont été diligentées pour moins que cela. Sur ce point, « *le nouveau monde* » n'aura rien changé : plus c'est gros, plus cela passe !

Non sans raison. Si l'on en croit Thibault Kerlirzin – *Greenpeace, Une ONG à double-fond(s)*[26] –, l'ONG possède des intérêts économiques dans le développement de l'éolien, puisqu'elle est actionnaire de la société Greenpeace Energy, propriétaire de centrales éoliennes. Elle serait également partenaire de Vestas, entreprise danoise leader mondial de fabrication d'éoliennes avec 16,7% du marché en 2017. Les deux alliées ont ainsi mené une opération de communication commune pour contrer les opposants aux aérogénérateurs en Australie, au Royaume-Uni, au Canada et en Suède. Rien d'étonnant, donc, que l'ONG lutte à mort contre le nucléaire et promeuve activement l'éolien. Au point d'être « *un mercenaire vert* », selon les mots de Kerlirzin ?

Si WWF n'a pas d'intérêts économiques directs dans l'industrie du vent, elle est ouvertement liée au promoteur éolien Boralex, puisqu'elle annonce sur son site « *un partenariat pour le développement durable des énergies renouvelables* » en raison d'une « *vision partagée* ». Et ce, depuis 2011. Parmi les entreprises partenaires figurent aussi RTE, ERDF, Bouygues Construction... WWF reconnaît que le

26. Va Press, 2018.

monde économique assure 24% de ses ressources. Rappelons que, de 2015 à 2019, son directeur général fut Pascal Canfin, membre d'EELV rallié à Emmanuel Macron, devenu député européen d'En Marche. Il succédait à Philippe Germa, artisan de l'économie verte, comme directeur général de 1993 à 2012, de Natixis Environnement et Infrastructures, gestionnaire de fonds d'investissement en faveur des énergies renouvelables. Il a disparu lors d'une plongée sous-marine en Polynésie française. Son frère jumeau, Jean-Michel Germa, a été le fondateur de La Compagnie du vent, société rachetée par Engie. WWF semble ainsi volontiers verdir des entreprises à très fort impact sur la biodiversité. Au risque de participer à du « *greenwashing* » ou « *écoblanchiment* », art de faire croire à des engagements environnementaux pour masquer des pratiques peu écologiques.

D'autres partenariats peuvent étonner. Ceux de la LPO (Ligue de protection des oiseaux) avec le Syndicat des énergies renouvelables et France énergie éolienne ; de son homologue espagnole SEO Birdlife avec la fondation Iberdrola ; de France nature environnement, fédération de 3500 associations locales, avec Engie...

Des cousinages que tous ces moralisateurs dénonceraient avec vigueur s'il s'agissait de l'énergie nucléaire, mais qui ne les troublent pas lorsqu'ils concernent l'éolien ou le photovoltaïque. Qui s'interroge, par exemple, sur les liens entre Laurence Tubiana – directrice de la Fondation européenne pour le climat, qui siège au Haut conseil pour le climat créé par Emmanuel Macron et vient d'être nommée présidente du conseil scientifique de l'ADEME – et Iberdrola, grand énergéticien d'outre-Pyrénées ? Implantée dans une dizaine de pays, Iberdrola est de droit espagnol, mais compte dans son capital de grands fonds d'investissement mus par la seule logique de l'hyper-rentabilité : le fonds souverain du Quatar, devenu actionnaire principal, le géant mondial de la gestion d'actifs BlackRock, Amundi, filiale du Crédit agricole.

La presse espagnole fait état de la participation de Laurence Tubiana, présidente du conseil d'administration de l'AFD (Agence française pour le développement) au « *comité consultatif international* » du groupe espagnol, rattaché directement à son président, Ignacio Sanchez Galan. Ce dont elle ne se cache pas. Elle y retrouve des conseillers efficaces comme le général Felix Sanz Roldan, l'ancien chef d'état-major des armées puis directeur du renseignement espagnol, Joschka Fischer, ancien vice-chancelier allemand, leader des Verts, Ken Salazar, ancien secrétaire d'État américain à l'énergie, Raon Miguel, ancien ambassadeur d'Espagne à Paris, Ernesto Zedillo, ancien président du Mexique, l'Anglais Jonathan Hill, ancien commissaire européen chargé des services financiers et des marchés de capitaux de l'Union. Sept conseillers qui se réunissent deux fois par an pour analyser la situation géopolitique des pays intéressant Iberdrola. Et qui recevraient, toujours selon la presse espagnole, chacun environ 20 000 € par mois, sans compter les dépenses de voyages, de restaurants et autres frais.

Iberdrola a obtenu le marché du parc éolien offshore de la baie de Saint-Brieuc. Celui qui – pur hasard – profite du tarif de rachat le plus élevé de tous garantissant de la part de l'État français un bénéfice d'au moins 2,5 milliards d'euros. Sans avoir à payer le raccordement ni, au bout des vingt ans de la concession, le démantèlement des éoliennes. Du grand art !

Ou de grandes manœuvres ! Pour Marc Le Fur, député LR des Côtes-d'Armor, il n'y a pas de doute. Lors d'une séance dans l'hémicycle de l'Assemblée nationale, le 30 septembre 2020, il ne craint pas d'accuser : « *Ce qui se passe est extrêmement grave et j'espère que nous dirons non à ce projet funeste, de surcroît totalement étranger, mené par une entreprise espagnole nommée Iberdrola, laquelle – je vous invite à aller voir sur le Net – est clairement liée aux mafias.* [Murmures sur les bancs du groupe LREM] *Voilà ce qui se passe aujourd'hui au large de la Bretagne et que je tiens à dénoncer publiquement. Il y a, derrière cela, des lobbys, de gros intérêts. Mais nous ne voulons pas nous laisser faire.* » Récemment, le parquet financier a d'ailleurs ouvert une enquête préliminaire sur l'attribution de ce marché à Iberdrola alors que son offre n'était pas la meilleure.

Selon Médiapart[27], « *Le secteur des éoliennes traîne de longue date une très fâcheuse réputation. Dans un entretien accordé à Arte le 17 août 2010, Roberto Scarpinato, qui deviendra en 2013 procureur général de Palerme, lance le premier l'alerte : "En Italie, différentes enquêtes ont montré que la mafia contrôle quasiment tout le secteur de l'éolien en Sicile par le biais de centaines de sociétés qui semblent appartenir à des personnes différentes, mais qui, en réalité, sont contrôlées par le même groupe. [...] Après le gaz, la mafia s'est intéressée à l'énergie éolienne et photovoltaïque et nous avons découvert qu'il y a même des accords passés entre les mafias italiennes et la mafia russe pour pouvoir contrôler ce secteur de l'énergie qui est stratégique.* » Auteur de l'article,

27. Laurent Mauduit, « Éoliennes de la baie de Saint-Brieuc : et maintenant, c'est la mer qu'ils veulent privatiser », Médiapart, 19 octobre 2020.

Laurent Mauduit poursuit : « *En juin 2013, Europol (l'agence européenne de police criminelle) sonne, à son tour, le tocsin et publie un rapport alarmant indiquant que les mafias italiennes avaient considérablement diversifié leurs activités criminelles et investissaient désormais dans le secteur des énergies renouvelables pour blanchir leurs revenus illégaux et bénéficier des aides européennes. Mais rien ne suggérait dans ce rapport qu'Iberdrola avait pu, d'une manière ou d'une autre, être perméable à ce genre de financements occultes.* »

Des sommes colossales de subventions sont ainsi dépensées sans qu'elles servent à réduire les émissions de gaz à effet de serre, mais elles profitent à des géants de l'industrie des énergies renouvelables. Elles servent également les intérêts d'innombrables investisseurs bien informés, petits ou grands, dont certains connaissent parfaitement les circuits de décision et les moyens d'influer sur les décideurs. Les honnêtes gens ne manquent certes pas dans le monde du renouvelable ; les investisseurs sincères y sont nombreux. Reste qu'avec le recul – et les analyses d'institutions sérieuses –, on peut se demander si la politique énergétique de la France, par ses enjeux stratégiques, industriels et financiers, ne relève pas d'une affaire d'État.

CHAPITRE 12

DES « MÉTHODES DE GOUGNAFIERS »

Pour vendre leurs éoliennes à des Français sceptiques, les promoteurs ne se refusent aucun moyen. La justice doit parfois s'en mêler.

En campagne active pour défendre le doublement des mâts d'éoliennes que son ministère s'est donné comme objectif, Barbara Pompili assure à tout va que « *82% des Français ont une bonne image de l'énergie éolienne* », sondage sérieux à l'appui. La ministre de la Transition écologique se réfère au baromètre annuel de l'Institut de radioprotection et de sûreté nucléaire (IRSN) sur la perception des risques. Lequel place l'éolien en deuxième position, derrière le photovoltaïque, comme énergie appréciée des sondés. La ministre ajoute que le baromètre de l'année précédente indiquait que 41% des personnes interrogées accepteraient de vivre près d'éoliennes, 22% près d'une ligne à haute tension, 16% près d'une centrale nucléaire. Le verre à moitié vide oblige à noter que seulement la moitié des défenseurs des aérogénérateurs en veulent bien dans le fond de leur jardin. Ce que confirme une enquête d'Opinionway publiée par l'ADEME en février 2020, qui témoigne de l'ambivalence des Français : favorables à 94% aux énergies renouvelables, ils ne sont que 45% à accepter un parc à moins d'un kilomètre de chez eux.

L'optimisme ministériel cadre mal, en effet, avec une réalité faite de nombreuses contestations locales lorsqu'il s'agit d'implanter ces moulins à vent modernes. À l'heure actuelle, au moins 70% des projets d'éolien terrestre font l'objet de recours. Selon la Fédération environnement durable, 1600 actions en justice ont été lancées depuis le début de l'année 2021. Ces actions sont menées par des collectifs de riverains, de commerçants et d'élus locaux. Le collectif Vent des Maires rassemble, par exemple, cinq cents maires opposés à l'implantation d'éoliennes sur leurs communes. La lecture de la presse quotidienne régionale indique l'intensité de la contestation ; il n'est plus un projet qui ne suscite l'ire des habitants et la création d'associations de défense des lieux. « *Aux municipales de 2020, j'ai vu des équipes bien installées qui ont été balayées pour avoir accepté des éoliennes sur le territoire de la commune*[28] », explique Dominique Bussereau, alors président de l'Assemblée des départements de France. « *Aux départementales de 2021, le sujet a été également très déterminant du vote ; un conseiller sortant de Charente-Maritime a été ainsi battu pour cette raison* », continue-t-il. De quoi faire réfléchir les autres élus.

28. Entretien avec l'auteur, juin 2021.

Barbara Pompili dénonce « *des personnes qui sont contre l'éolien, très bien organisées et qu'on entend très fort* ». Le trait est forcé.

Organisation, certes, il y a. Dans les Hauts-de-France, Xavier Bertrand a été le premier à créer un Observatoire de l'éolien. Pour mieux informer les maires et leurs mandants des conséquences néfastes de telles installations. Pour les aider à déposer des recours. En Charente-Maritime, Dominique Bussereau a repris le modèle. « *Nous discutons avec les maires, avec les habitants et nous donnons un avis au préfet. S'il n'en tient pas compte, nous saisissons la cour administrative d'appel de Bordeaux. Actuellement, six ou sept arrêtés préfectoraux y sont déposés* », explique le président du département.

La mise en place de ces aides juridiques vise à compenser les allégements de contraintes signés par François de Rugy lorsqu'il était ministre boulevard Saint-Germain : suppression du premier degré de juridiction pour les recours contre les implantations, ce qui impose de recourir à un avocat ; expérimentation visant à supprimer la présence des commissaires enquêteurs des enquêtes publiques qui se feront par voie électronique – « *une provocation !* », selon le président des Hauts-de-France – ; projet de suppression des avis du Conseil national de protection de la nature en matière d'espèces protégées, lesquels sont souvent pris en compte par le Conseil d'État pour annuler les arrêtés des préfets...

Inquiet d'un développement anarchique des éoliennes qui menace le tourisme, première économie de son département, Dominique Bussereau s'indigne des « *méthodes de gougnafiers* » de certains promoteurs d'éolien. « *Cela rappelle les commerciaux qui, dans les années 1950, vendaient leurs réfrigérateurs dans des fermes dépourvues d'électricité,* remarque-t-il. *Il y a eu de nombreux scandales avec le solaire, lorsque certains ont vendu 60 000 € à des particuliers des panneaux photovoltaïques que l'on a mis au nord de la maison, là où le soleil ne passe pas ! Là, c'est pareil.* »

Là, des commerciaux repèrent les secteurs susceptibles d'accueillir des éoliennes, promettent monts et merveilles aux maires et aux agriculteurs, quitte à présenter des chiffres bidon. À Vermelles (Pas-de-Calais), le maire s'est vu promettre que trois mâts rapporteraient chacun près de 5000 € par an à la commune de 4700 habitants. Vrai ? Faux ? Difficile de savoir tant les résultats sont parfois survendus. Un collectif auvergnat s'est interrogé : « *Pourquoi les promoteurs éoliens louent-ils la terre au lieu de l'acheter ?* » Au terme de ses calculs, la raison paraît évidente.

- Si le terrain est acheté, le promoteur gagne 7 970 000 €, et le paysan propriétaire agricole 30 000 € par éolienne ;
- Si le terrain est loué, le promoteur gagne plus (8 500 000 € par éolienne) et le paysan peut tout perdre : moins 380 000 € par éolienne. Parce que, le démantèlement étant à la charge du propriétaire et que la filiale du promoteur peut se mettre en faillite, il revient au propriétaire de démanteler le mât. Ce qui peut coûter jusqu'à 500 000 € !

Discrets sur ces chiffres, les vendeurs n'hésitent pas en revanche à harceler maires, adjoints, propriétaires de terrains. Il y a des « *pressions éhontées, des coups de fil jour et nuit* », des informations tronquées, voire des menaces, témoigne Dominique Bussereau. Même les préfets font l'objet de fortes sollicitations de la part des Directions régionales de l'environnement, de l'aménagement et du logement, sous tutelle du ministère de la Transition écologique.

Les mêmes promoteurs oublient souvent de dire aux élus qu'ils ne peuvent pas participer au vote des délibérations du conseil municipal proposant d'approuver l'installation d'éoliennes dans leur champ ou dans celui de leur fils ! Ce qui les expose à l'accusation de «*prise illégale d'intérêts*». Problème : au début, tous les projets éoliens devaient être situés dans une ZDE (Zone de développement éolien) créée par une délibération favorable des communes concernées. Les élus qui avaient des terres dans la zone risquaient donc de se trouver en situation de prise illégale d'intérêts. En avril 2013, la loi Brottes, du nom du futur président de RTE, supprime les ZDE, réduisant ainsi les occasions d'être poursuivis. Restent quand même les autorisations d'exploiter délivrées par les préfets, soumises à délibération des conseils municipaux. En quelques années, plus de deux cents plaintes ont été recensées en métropole. Au point que France énergie éolienne, syndicat de promoteurs, n'a pas hésité à intervenir auprès d'une cinquantaine de députés pour qu'ils travaillent à une réforme de cette infraction « *instrumentalisée par les anti-éoliens* » ! Action de lobbying qui a fait long feu, mais a contraint le président du syndicat à démissionner. Trop, c'est trop !

Quant à la Commission nationale du débat public, il est légitime de s'interroger sur son rôle. Nommée à sa tête en mars 2018, après avoir soutenu la candidature d'Emmanuel Macron à la présidentielle, Chantal Jouanno fait l'objet de vives critiques. Le montant de sa rémunération – 176 518 € par an, soit 14 709 € par mois – avait choqué au moment de l'organisation du Grand débat censé répondre aux manifestations des Gilets jaunes ; elle s'était donc retirée du débat, sans pour autant démissionner de sa présidence.

Chantal Jouanno a été secrétaire d'État à l'Écologie de janvier 2009 à novembre 2010, après avoir été au cabinet de Nicolas Sarkozy pour traiter des questions d'environnement, puis de présider l'ADEME de 2008 à 2009. En charge du Grenelle de l'environnement, elle a laissé le souvenir, auprès des anciens ingénieurs du CEA, de ses réserves pour le nucléaire et de son attention pour les énergies renouvelables. Positionnée en place éligible sur la liste UMP de Paris pour les élections sénatoriales, en 2011, elle entre au Palais du Luxembourg. Peu reconnaissante, elle quittera l'UMP pour passer à l'UDI avant d'être nommée présidente de la Commission nationale du débat public par Emmanuel Macron auquel elle s'était ralliée. Un cursus contorsionné assez classique chez les sympathisants de l'écologie politique.

Concernant les éoliennes, les enquêtes publiques organisées par la CNDP se déroulent dans une confusion des genres évidente. Ainsi les commissaires enquêteurs sont-ils formés par les promoteurs éoliens, souvent lors de journées organisées par les préfectures ou par les Directions régionales de l'aménagement et du logement (DREAL). Plus gênant : ce sont les promoteurs éoliens qui paient les indemnités des membres de la commission d'enquête ! Rémunération qui reste inconnue dans la mesure où elle n'est pas considérée comme une information publique. Rien d'étonnant dès lors que les avis des commissaires enquêteurs soient quasiment toujours favorables aux projets d'installation d'éoliennes.

S'ils osent se prononcer contre, ils ont peu de chance d'être à nouveau sollicités pour d'autres enquêtes !

Pour leurs promoteurs, l'installation de fermes éoliennes présenterait l'avantage supplémentaire de créer des emplois locaux. La promesse est largement exagérée. Lors de la construction, les entreprises concernées ont besoin d'un personnel très qualifié qu'elles trouvent peu sur place, mais font venir de l'étranger. Une fois construites, les fermes éoliennes sont contrôlées à distance grâce à un ensemble de capteurs. Les contrôleurs sont donc délocalisés, parfois à l'étranger et, en cas de problème, ils sollicitent un technicien de maintenance pouvant être lui-même hébergé loin des centrales, à équidistance de toutes celles qu'il doit entretenir. Président de l'ADEME, l'ancien député socialiste rallié à Emmanuel Macron, Arnaud Leroy, reconnaît des « *erreurs de communication* » sur les emplois verts, « *notamment dans l'éolien et le solaire* ». C'est un euphémisme ! S'exprimant devant les membres du Syndicat des énergies renouvelables, dont il s'est déclaré « *très proche* », il les a exhortés à engager des études sérieuses sur le sujet afin de ne pas faire des promesses qui ne pourront être tenues. « *On paie aujourd'hui le prix déclarations passées sur le sujet*[29] », a déploré Arnaud Leroy.

Et qu'en est-il des emplois menacés ? Dans la baie de Saint-Brieuc, les pêcheurs mènent la bataille contre des éoliennes qui menacent leur principale ressource : la renommée coquille Saint-Jacques. Selon eux, 300 bateaux sont concernés par une activité qui fait vivre 800 familles

29. Arnaud Leroy, « EnR : pourquoi leur développement doit être irréprochable », *Les Smartgrids*, 16 avril 2019.

et mobilise 2400 emplois sur terre. La colère est d'autant plus vive que la profession travaille depuis longtemps avec l'Ifremer pour garantir une pêche « *durable* » et protéger la reproduction des mollusques en ne tirant pas sur la réserve. Les professionnels du tourisme manifestent également leur inquiétude. Que vaut un horizon marin barré par des dizaines de mâts de plus en plus hauts ?

De plus, à supposer que les chiffres ne souffrent pas d'une inflation verbale, les 20 200 emplois revendiqués par France énergie éolienne en 2020 méritent d'être replacés dans leur contexte. S'appuyant sur 900 sociétés de tailles très variables, ces emplois seraient en augmentation de plus de 25% depuis 2016. Mais force est de reconnaître qu'ils sont sous perfusion d'argent public. Vu le milliard quatre cents millions d'euros de subventions versés à la filière chaque année, chaque emploi créé coûte à la collectivité 63 000 € par an. Comment les promoteurs peuvent-ils parler d'une activité « *arrivée à maturité* » ? Alors que la filière nucléaire emploie, sans aucune subvention pour produire une électricité pilotable et décarbonée, 220 000 salariés hautement qualifiés, sur des installations entièrement fabriquées en France. Le contraste est saisissant !

L'Allemagne apporte la preuve de la fragilité d'un système énergétique dépendant des subventions. En 2017, celles-ci ont été supprimées et remplacées par un système d'enchères. Résultat : la pression sur les prix a entraîné la faillite de nombreuses petites sociétés, provoquant la disparition de 30 000 emplois ! Outre-Rhin aussi, l'enthousiasme supposé des riverains d'éoliennes doit être relativisé. Les plaintes se multiplient (plus de 1000 initiatives citoyennes engagées), ce qui conduit les autorités à distribuer les autorisations d'exploiter au compte-gouttes. Résultat : l'installation d'éoliennes a chuté de 80% durant les neuf premiers mois de l'année 2019 et le charbon fournit encore plus de 30% de l'électricité en contradiction avec les objectifs climatiques et sanitaires.

La traduction politique a été une poussée de l'AFD aux élections régionales de 2019. À trois voix près, le parti d'extrême droite devançait les sociaux-démocrates dans le Land de Brandebourg qui concentre 12% des 30 000 éoliennes allemandes. Son ministre-président avait senti le danger et tenté de le limiter en promettant de verser 10 000 € par éolienne aux communes concernées. Surtout, il s'est engagé à demander au Conseil fédéral (Bundesrat) que les Länder redonnent la main aux communes sur l'aménagement des parcs éoliens. Sans grande chance de succès.

Le gouvernement et la filière doivent pourtant retrouver le chemin du consensus. Sans être trop gourmands. Dominique Bussereau cite le cas d'un projet offshore sur les côtes de Charente-Maritime. Un accord avait été trouvé sur une distance d'installation qui satisfaisait tout le monde, y compris les pêcheurs. Mais le promoteur a voulu pousser son avantage en décidant d'étendre son champ d'éoliennes vers les côtes. « *Une maladresse qui a retourné les gens comme une crêpe : le 100% pour est devenu 100% contre* », se désole-t-il.

L'ancien président de Charente-Maritime ne s'oppose pas aux éoliennes, mais à leur excès qui menace les paysages et le patrimoine bâti sur terre, qui abîme l'horizon et gêne les activités sur mer. Pour lui, il est contre-productif de montrer du doigt les opposants. À la manière de Barbara Pompili voyant dans les contestataires des personnes manipulées par les lobbys ou, pire, par le Rassemblement national. Tout aussi contre-productive apparaît la suggestion du président de la CRE, Jean-François Carenco, de couper le courant à ceux qui refusent de voir des éoliennes dans leur voisinage.

Si Dominique Bussereau devait essayer de convaincre le président de la République, il lui adresserait quatre recommandations :

- « *Ne diminuez pas les possibilités de recours* » ;
- « *Redonnez la capacité à toutes les juridictions administratives de se prononcer sur ces dossiers (des tribunaux administratifs au Conseil d'État)* » ;
- « *Demandez à vos préfets de se fonder sur l'avis des populations avant de délivrer des autorisations sans signer celles-ci si les avis sont négatifs* » ;
- « *Incitez les collectivités locales à prendre leurs responsabilités car, trop souvent, certaines se font piéger par des industriels peu scrupuleux.* » Qui aboutissent à des mises en cause pour « prise illégale d'intérêts » d'élus abusés ou ignorant des risques en la matière.

Revenir à de saines méthodes, en mettant fin aux mélanges des genres ou à des situations qui ont tout du conflit d'intérêts, est indispensable. Mais l'écologie radicale, au fil du temps, a agrégé dans son sillage tant d'intérêts que la situation favorable aux promoteurs d'énergies renouvelables sera difficile à assainir. Les pleureuses et les lobbys sont prêts à hurler à la trahison dès que dérogations et subventions seront remises en cause.

Après le rendu le 25 octobre 2021 de l'étude de RTE sur les futurs de l'énergie, puis l'annonce par Emmanuel

Macron que la France doit construire de nouveaux réacteurs, la stratégie du lobby des énergies renouvelables intermittentes, pour protéger ses intérêts et les avantages financiers dont il profite, s'est immédiatement adaptée. Il s'agit pour le lobby de conserver, par tous les moyens, l'objectif de réduction de la part du nucléaire dans le mix électrique à 50%. Pour cela, il faut sanctuariser cette réduction de 70 à 50% inscrite au doigt mouillé dans la loi en 2015 pour 2025, puis repoussée en 2020 pour 2035. Totalement irréaliste, cet objectif reste encore aujourd'hui fixé par la loi, et avec lui la fermeture de 14 réacteurs.

Le lobby usera de tous les stratagèmes et de tous les moyens, quoi qu'il en coûte comme on dit désormais, il n'hésite pas déjà à imposer l'idée que l'industrie française serait incapable de construire dans les délais les réacteurs nécessaires pour maintenir le mix autour de 70% et assurer ainsi la sécurité d'approvisionnement et la stabilité du réseau à un prix supportable.

CHAPITRE 13

LES AMBIGUÏTÉS MACRONIENNES

Sur le nucléaire, Emmanuel Macron dit une chose et fait le contraire. Quitte à sacrifier une filière-clé et à menacer le pays de pénurie d'électricité.

« *Notre avenir énergétique et écologique passe par le nucléaire.* » Lors de sa visite au Creusot, le 8 décembre 2020, Emmanuel Macron s'affirme convaincu des vertus de l'atome. Il poursuit : « *Si je n'ai jamais été partisan du tout nucléaire, parce qu'il est nécessaire de ne pas dépendre d'une seule source, je crois et j'ai toujours assumé que si nous devons rééquilibrer notre mix énergétique en réduisant la part du nucléaire, l'atome doit continuer à être un pilier de celui-ci pour les décennies à venir*[30]. » La fermeté des propos n'a pas empêché le doute sur la détermination du président de la République en la matière. Là aussi, le « *en même temps* » induit une bonne dose d'ambiguïté, sinon d'hypocrisie, et des conséquences particulièrement graves.

30. Cf. *www.elysee.fr*

Rassurante, cette déclaration présidentielle ? Nullement, car elle prête à interprétation et peut se lire comme une remise en cause de la filière nucléaire française. En premier lieu, il n'a jamais été question pour personne que le nucléaire représente 100% de notre mix électrique et que notre électricité ne dépende que d'une seule source. Le mix diversifié de la France est une chance qui lui a fait éviter l'émission de milliards de tonnes de CO_2, avec une expérience de 2000 années-réacteurs sans incident grave (chiffre correspondant au nombre total des réacteurs du parc français multiplié par leur durée de fonctionnement). En deuxième lieu, la décision de réduire la part du nucléaire de 70 à 50% dans notre mix n'a aucun fondement scientifique ni économique ; elle est purement idéologique, poussée par des antinucléaires que relaient le lobby hyperpuissant des industriels des énergies renouvelables. En troisième lieu, si le nucléaire doit rester « *un pilier* » de notre mix, pourquoi marteler qu'il faut en réduire la part de 70 à 50% ? À grands frais et au risque de compromettre notre approvisionnement car, avec environ 40% d'électricité éolienne et de photovoltaïque intermittentes, nul ne sait comment assurer la stabilité du réseau et répondre de façon sûre à la demande des consommateurs. En somme, personne ne peut garantir le bon fonctionnement du système électrique que l'on tente d'imposer aux Français.

La réponse du président de la République à l'interpellation d'un climatologue belge n'est pas plus rassurante. Nous sommes le 28 août 2018 et Nicolas Hulot vient de démissionner avec fracas du ministère de la Transition écologique. Scientifique de renommée mondiale,

André Berger écrit alors à Emmanuel Macron pour lui suggérer de tirer profit de cette crise en choisissant une politique nucléaire affirmée qui ferait de la France un leader du combat contre le réchauffement climatique. « *Si le monde entier adoptait le mix énergétique français, ses émissions annuelles de dioxyde de carbone seraient divisées par quatre* », explique l'expert. Évoquant le rapport de Yannick d'Escatha et de Laurent Collet-Billon, qui propose de lancer la construction de 6 EPR d'ici à 2025, il encourage le chef de l'État « *à continuer dans cette voie* ». En vain. Pourtant commandé conjointement par les ministres de l'Industrie et de l'Environnement, ce rapport n'aura eu comme destin que de rester dans les tiroirs. Sans doute sur arbitrage élyséen. Parce qu'il liait la survie de la filière nucléaire à la construction de 6 nouveaux EPR dès 2025 et s'inscrivait ainsi en faux contre les orientations dominantes au sein du ministère de la Transition écologique ?

On mesure aujourd'hui les conséquences de ce classement sans suite qui compromet l'avenir énergétique national et place la France sur la voie de la réduction de la part du nucléaire dans le mix en ignorant délibérément l'effet falaise que créera, sur la capacité installée, l'arrivée en fin de vie du parc.

Dans sa réponse au climatologue, Emmanuel Macron s'affirme « *convaincu de l'importance particulière du nucléaire en tant qu'énergie décarbonée pour garantir un niveau d'émission de gaz à effet de serre le plus bas possible* » et se félicite de la reconnaissance ainsi apportée au « *mix énergétique français* ». Il se dit décidé à « *poursuivre nos efforts en la matière et à accélérer la transition mondiale vers une économie bas carbone* ». De quoi hérisser les partisans d'un abandon de l'électricité nucléaire, mais rien qui convainque vraiment les défenseurs de cette énergie peu carbonée.

Le président de la République acte dans sa réponse l'objectif de réduire la production d'électricité nucléaire à 50% du total, contre environ 70% aujourd'hui, en 2030, retardant de cinq ans la date butoir prévue, au moment où il s'exprimait, par la loi de transition énergétique et de croissance verte votée sous François Hollande. Mais, comme le souligne Sylvestre Huet, s'exprimant sur le blog du *Monde*, cela « *ne fait pas une politique de long terme* », « *surtout pour la composante nucléaire, dont les temps de réalisation et d'exploitation des outils de production se comptent en décennies et la gestion des déchets en activité séculaire*[31]. » Au-delà du choix d'un chiffre – 50% – qui se justifie plus par des besoins de communication que par des raisons scientifiques, le journaliste estime que le gouvernement devrait intégrer des sujets-clés dans ses décisions : maîtriser le cycle du combustible nucléaire ; établir une feuille de route sur trente ans pour la construction de nouveaux EPR afin d'entretenir le savoir-faire des ingénieurs et techniciens, lequel a beaucoup manqué à Flamanville ; préparer l'avenir avec le projet de réacteur Jules Horowitz à Cadarache et le projet Astrid de réacteur à « *neutrons rapides* ».

Faute de décisions claires, « *on se demande où se niche l'ambition climatique dont se pare le président de la République* », écrit Sylvestre Huet. En fait de décisions, il y en

31. Sylvestre Huet, Le Blog, *Le Monde*, 25 octobre 2018.

a eu. Elles sont toutes allées dans le sens d'une opposition au nucléaire civil. Au point que Jean Fluchère, ancien directeur de la centrale de Bugey, se dit convaincu qu'Emmanuel Macron veut alors, sans l'annoncer, « *mettre la France dans les pas de l'Allemagne et prendre toutes les dispositions pour qu'après son mandat, la sortie du nucléaire soit irréversible.* » Et d'égrener tous ces choix qui conduisent vers l'abandon final.

- Pendant la campagne présidentielle de 2017, François Fillon avait pris l'engagement de conserver Fessenheim en fonctionnement, ce qui était encore possible bien qu'il soit trop tard pour un grand carénage. Au nom d'une promesse électoraliste de François Hollande et, surtout, pour faire plus Vert que Vert, Emmanuel Macron a mis ses pas dans ceux de son prédécesseur. Élu, il est même allé plus loin puisqu'il n'a pas honoré la décision de n'arrêter Fessenheim qu'après la mise en service de l'EPR de Flamanville. La France s'est ainsi privée de 1,8 GW dont elle aurait eu besoin dès l'hiver 2021.
- Dans son premier gouvernement dirigé par Édouard Philippe, Emmanuel Macron ne recrée pas de ministère de l'Industrie auquel l'Énergie – « *le système sanguin de l'économie* », selon Jean-Marc Jancovici – devrait être rattachée. Il laisse la DGEC (Direction générale de l'énergie et du climat) au ministère de la Transition écologique, où règne l'ADEME, agence antinucléaire depuis sa création et qui sert de caisse de résonance à NégaWatt et d'abri à l'OFATE, cet Office franco-allemand pour la transition énergétique dont nous avons déjà parlé. Cette direction s'inscrit aux abonnés absents,

son directeur, nommé en décembre 2012 sous François Hollande et maintenu en fonction par Emmanuel Macron, ne brillant pas par ses opinions affirmées. À sa décharge, dans ce ministère, l'énergie n'apparaît que comme une nuisance environnementale, ce qui contredit les intentions pro-industrielles du chef de l'État.

- En trois ans et demi, Emmanuel Macron a nommé pas moins de quatre ministres de la Transition écologique ! Après le médiatique Nicolas Hulot, tombé sur le mur des réalités, François de Rugy ne tient pas plus de onze mois boulevard Saint-Germain. Ministre des Transports, Élisabeth Borne, ex-directrice de cabinet de Ségolène Royal, le remplace, avec le sens de la réserve et de l'exécution servile des tâches imposées de la haut fonctionnaire qu'elle est. Pour onze mois et vingt jours ! Dans le gouvernement de Jean Castex (6 juillet 2020), c'est Barbara Pompili qui assume la fonction. Longtemps militante des Verts puis d'EELV, ex-collaboratrice du groupe Vert à l'Assemblée nationale qu'elle coprésidera plus tard avec François de Rugy, elle ne cesse de demander la fermeture de davantage de centrales nucléaires que prévu. Pour un président qui a posé la transition écologique comme un marqueur de son quinquennat, cette succession de ministres semble relever de l'amateurisme. À moins que tout ne se décide à l'Élysée et que les personnalités nommées ne servent qu'à assurer l'emballage des décisions.
- Les retards constatés dans le couplage de l'EPR de Flamanville au réseau électrique ont suscité émotion et craintes en Allemagne : allaient-ils justifier un retard semblable dans la fermeture de la centrale de Fessenheim ?

Afin de rassurer les Länder du sud, qui s'estiment concernés directement par le choix élyséen, Emmanuel Macron envoie Sébastien Lecornu, secrétaire d'État à la Transition écologique, faire une tournée d'explication auprès de ces élus.

- Le 23 septembre 2018, Yves Bréchet quitte de lui-même le Haut-commissariat à l'énergie atomique en ne demandant pas le renouvellement de son mandat. Nommé à l'automne 2012, il avait, avec d'autres scientifiques, écrit un programme sur l'énergie. Durant la campagne de 2017, puis après, il a adressé de nombreuses notes à Emmanuel Macron sur le programme nucléaire de la France. Ayant cru que l'alerte qu'il donnait avait été entendue, mais constatant les orientations du programme présidentiel macronien et l'antinucléarisme des ministres de la Transition écologique, il a préféré jeter le gant. Il est remplacé par Patrick Landais, docteur en géologie, dont on pourrait croire qu'il vit sa préretraite !
- Nommé administrateur général du CEA par François Hollande en 2015, Daniel Verwaerde était unanimement apprécié au centre de recherche et avait sollicité le renouvellement de son mandat trois ans plus tard. Il espérait alors remplir ses deux objectifs majeurs : lancer la réalisation du réacteur de quatrième génération, Astrid, sur le site de Marcoule et terminer le réacteur Jules Horowitz sur le site de Cadarache. En fonction de quoi, Emmanuel Macron lui a demandé d'assurer l'intérim de sa fonction pendant trois mois... pour finalement le débarquer sans aucun remerciement. Il l'a remplacé par François Jacq, X-Mines, qui avait été directeur de l'ANDRA

(Agence nationale pour la gestion des déchets radioactifs) en 2000, puis de France Météo, et était directeur de l'Ifremer début 2018. Autant de postes qui ne préparent pas vraiment à la fonction d'administrateur général du CEA ! Mais cette nomination a comblé les acteurs de la filière des énergies renouvelables.

- Nommée quelque mois plus tard administratrice générale adjointe, Laurence Piketty était chargée du démantèlement des installations nucléaires du CEA et de l'assainissement, mais pas de constructions nouvelles.
- Directeur du département de l'énergie nucléaire au CEA, François Gauché est poussé vers la sortie pour faire place à Philippe Stohr que François Jacq va chercher dans le privé après l'avoir bien connu à l'ANDRA. Premier acte du nouveau promu : il transforme son poste de directeur de l'Énergie nucléaire en directeur des Énergies pour englober les énergies nouvelles. Sa lettre de mission lui enjoint de réfléchir au développement d'une approche « *système énergétique* » au sein du CEA intégrant les recherches sur toutes les technologies de l'énergie.
- Ces changements de postes opérés, *Le Monde* révèle, en août 2019, que le projet Astrid, qui a coûté 738 millions d'euros, est abandonné par le CEA. Le Parlement n'a pas été saisi alors qu'une telle décision aurait dû être législative. Les partenaires étrangers du programme, notamment les Japonais, n'ont pas été consultés ; les équipes travaillant sur le sujet sont dispersées, certaines étant mobilisées sur l'utopique hypothèse du 100% renouvelable en 2050 ; aucun débat public sur ce sujet n'est organisé par ce pouvoir si prompt à parler de démocratie

environnementale ! Yves Bréchet déplore « *le gâchis de soixante-dix années d'investissement* » et affirme que cet abandon constitue « *un cas d'école pour mesurer la dégradation des capacités de l'État stratège* ». François Jacq justifie la décision par le bas prix de l'uranium. L'accord entre le PS et EELV de novembre 2011 affirmait qu'aucun « *nouveau projet de réacteur ne sera initié.* » Ce que François Hollande a promis, Emmanuel Macron le fait.

- En octobre 2018, le directeur de l'INSTN (Institut national des sciences et techniques nucléaires), école d'application de la filière, Philippe Corréa, est remercié sans aucun motif. Il faudra presque un an pour que son successeur, Éric Gadet, accède pleinement à son poste.
- Claire Kerboul, le bras droit du haut-commissaire à l'Énergie atomique, docteur en neutronique et physique des particules, était submergée de travail avec Yves Bréchet. Elle se retrouve soudain totalement inoccupée. Après avoir fait constater qu'elle n'avait plus rien à faire, ce qui relève du harcèlement moral, elle démissionne du CEA.
- Le dessein des antinucléaires qui ont pris en main les instances énergétiques, après que la compétence en a été transférée au ministère de l'Environnement en 2007, a été d'affaiblir tout ce qui pouvait assurer une stratégie nucléaire à la France. À commencer par le CEA en tant que tel. Son changement de nom illustre cette orientation. C'est dans cette logique que le Comité à l'énergie atomique, qui réunissait une fois par an autour du Premier ministre les ministres concernés de l'Industrie et de la Recherche afin d'orienter l'action du CEA, s'est évanoui.

- Le 21 avril 2020, en plein confinement, Emmanuel Macron laisse publier le décret sur la PPE (Programmation pluriannuelle de l'énergie). Celle-ci prévoit d'arrêter quatorze réacteurs de 900 MW d'ici à 2035 et de couvrir la France d'éoliennes : faire passer le parc de 8000 mâts à environ 14 500 et porter les capacités de production en mer à 40% d'ici à 2028. Le 14 janvier 2020 à Pau, le président de la République avait pourtant appelé à être « *lucide* » et affirmé que « *la capacité à développer massivement l'éolien est réduite* ». « *On ne peut pas l'imposer d'en haut* », a-t-il déclaré lors d'une table ronde sur « *l'écologie dans nos territoires* ». La campagne pour les élections régionales en faisait un thème très clivant ; il ne fallait pas laisser ce terrain à l'opposition de droite !

« *Et pourtant, elles tournent !* », souligne *Le Monde*, qui note une progression de 8 à 10% par an du parc éolien français. Ce qui n'empêche pas Emmanuel Macron de redire, le 27 juillet 2021, depuis la Polynésie, qu'il y faut du « *pragmatisme* » et des décisions « *au cas par cas* », pour éviter « *d'abîmer nos paysages* ». Il insiste : « *C'est une part de notre patrimoine, de notre richesse profonde, de notre identité.* » Double langage ou schizophrénie ?

- D'une puissance de 100 MW thermiques, le réacteur Jules Horowitz est censé remplacer plusieurs réacteurs d'essais à Cadarache qui ont été prématurément arrêtés. Il doit servir à tester le comportement de matériaux et combustibles sous irradiation et à approvisionner les hôpitaux en radioéléments à vie courte pour l'imagerie médicale à des fins diagnostiques ou thérapeutiques.

Lancé en 2007 pour un démarrage en 2012 et un coût de 600 millions d'euros, son entrée en fonction ne cesse d'être retardée : en 2017, puis en 2020 et maintenant en 2025, avec un coût final de 1,5 milliard d'euros. De nombreux ingénieurs du CEA craignent désormais que l'objectif final de l'administrateur général ne soit qu'il ne démarre jamais.

- Le nombre de réacteurs d'essais en service, indispensables pour fournir des données scientifiques, diminue : quatre à Cadarache ; le réacteur à haut flux (RHF Institut Laue-Langevin) à Grenoble ; plus aucun à Marcoule et à Saclay. La recherche – et développement – nucléaire française, reconnue de très haut niveau dans le monde entier, se réduit comme peau de chagrin.
- Nommée présidente de la CNDP (Commission nationale du débat public) en mars 2018, Chantal Jouanno, nous l'avons vu, semble avoir hérité de son passage au ministère de l'Environnement et à la présidence de l'ADEME d'une certaine opposition au nucléaire. Les rapports dans ce domaine donnent des avis ambigus. Comme dans d'autres secteurs d'ailleurs. Ce qui a fait dire à François Bayrou, lors du Grand débat lancé en réponse aux Gilets jaunes, que la CNDP avait « *une légitimité nulle* » et qu'on pouvait s'interroger sur son utilité.
- Comme Astrid ne se fera pas, il est désormais question de considérer l'uranium appauvri comme un déchet nucléaire. Opportunément et discrètement modifiés par le ministère de l'Environnement, les textes considèrent désormais comme déchets, les matériaux radioactifs issus de l'exploitation des réacteurs qui ne sont pas destinés à devenir le combustible des réacteurs de quatrième

génération et ce, dans un délai de quarante ans. Or l'exécutif a fait savoir que cette quatrième génération ne saurait être développée, si elle doit l'être un jour, avant la fin du siècle. Ce sont donc 350 000 tonnes d'uranium appauvri qui se voient classifiées déchets alors que ceux-ci, stockés en surface, ne présentent aucun risque. Quel gâchis phénoménal sur les plans climatique, industriel et financier ! À l'heure d'une gestion sobre des matières premières et de l'économie circulaire, on ne peut guère faire plus irrationnel.

- La déclaration d'utilité publique de CIGEO (centre de stockage profond des déchets radioactifs programmé à Bure) a été déposée et une enquête publique a été programmée à l'automne 2021. Mais il semble certain qu'Emmanuel Macron ne prendra aucune décision d'ici 2023, s'il est réélu et si la majorité parlementaire en est d'accord. Le temps qu'une ZAD violente s'installe pour en empêcher la réalisation comme à Notre-Dame-des-Landes.
- Le président de la République s'est abrité derrière le retard de l'EPR pour différer sa décision sur la construction des 6 EPR nouveau modèle au-delà de 2022. Et, s'il est réélu, cette absence de choix pourrait obliger à construire, avant la fin de la décennie, des centrales thermiques à cycle combiné gaz dans l'urgence, sous peine de black-out, comme le font la Belgique et l'Allemagne. Le contempteur de la procrastination de 2017 est devenu le champion de la tergiversation. Pourtant depuis le rapport d'Escatha en 2018, et malgré les conséquences ruineuses en pertes de savoir-faire et sur le plan financier, personne ne peut,

dans les allées du pouvoir, ignorer ce qu'il en coûtera à la France.

- Emmanuel Macron, conseiller de François Hollande, a initié le projet Hercule qui acte la fin d'EDF, telle que l'entreprise emblématique a existé, pour la faire passer sous les fourches caudines de Bruxelles. Bien que rebaptisé projet grand EDF, il est resté bloqué par les syndicats qui n'en voulaient pas et surtout par la Commission pour qui le démantèlement de l'opérateur historique n'allait pas assez loin.
- Encore conseiller de François Hollande, Emmanuel Macron pousse à la vente de la branche énergie d'Alstom. Un des joyaux industriels français, construisant un des organes essentiels des réacteurs nucléaires, les turbines Arabelle. Devenu ministre, il autorise cette vente avec la perte de souveraineté industrielle qu'elle entraîne. Aujourd'hui, il pousse dans l'autre sens, c'est-à-dire au rachat de cette activité par EDF. Ce n'est plus du « *en même temps* » mais du sulfureux, et pas seulement sur le plan industriel comme cela a été avancé par une commission d'enquête parlementaire conduite à l'Assemblée nationale.
- Dernière preuve : il y a à Marcoule un centre d'information sur les déchets radioactifs : le Visiatome. Il présente l'origine des déchets, leur classement et leur traitement en fonction de leur classement. Ce centre est remarquablement pédagogique et sûrement peu coûteux en frais d'exploitation. Au moment où la déclaration d'utilité publique de CIGEO est lancée, la direction du site de Marcoule annonce, comme par hasard, la fermeture du Visiatome.

Si les pronucléaires voient ainsi chez le chef de l'État une volonté cachée de mettre fin à cette énergie en France, les antinucléaires lisent les décisions ou hésitations d'Emmanuel Macron comme autant de preuves d'un engagement en faveur de l'atome. Effets dangereux d'un « *ni-ni* » qui contraint à des exercices d'équilibriste et expose à mécontenter tout le monde. Au fil des épreuves, le président de la République semble toutefois se convaincre qu'il ne peut remplir ses objectifs de baisse des émissions de gaz à effet de serre sans conforter la filière nucléaire. À tout le moins intervient-il dans ce sens lorsque les dénonciateurs de l'impasse énergétique dans laquelle la France est engagée deviennent audibles et que des journalistes compétents et objectifs l'expliquent aux Français. Surtout quand le prix de l'énergie risque de plomber le climat de la campagne présidentielle. Mais force est de constater qu'à l'approche de la fin du quinquennat, malgré les discours, aucune décision concrète d'application immédiate et positive n'a été prise pour la filière. Au contraire. Comment espérer relever les défis climatiques, industriels et a fortiori de la réindustrialisation, dans de telles conditions ?

En février 2021, nous avons écrit au président de la République pour l'alerter sur les décisions à prendre à Bruxelles en matière de taxonomie verte. Laquelle conditionne l'accès aux financements européens et donc les investissements pour de nombreuses années. Refuser d'y inscrire le nucléaire, comme le maintient l'Allemagne, c'est rendre prohibitifs les coûts de construction de futurs EPR en France et en Europe. Un mois plus tard, Emmanuel Macron et les premiers ministres de Hongrie, Pologne, République tchèque, Roumanie, Slovaquie et Slovénie ont envoyé une lettre allant dans ce sens à la Commission européenne. Ils y lancent « *un appel d'urgence pour assurer des règles du jeu équitables pour l'énergie nucléaire dans l'Union européenne, sans l'exclure des politiques et des avantages climatiques et énergétiques* », selon le texte mis en ligne sur le site du gouvernement polonais. Sept États membres seulement sur les dix ouvertement pronucléaires ! Pourquoi n'avoir pas réussi à convaincre davantage d'États, afin de constituer au plus vite une minorité de blocage ?

Alors que ces dix États de l'Union européenne se sont tournés, se tournent ou envisagent de se tourner vers le nucléaire pour réduire leurs émissions de gaz à effet de serre, la France est attendue pour prendre la tête à Bruxelles de la défense du nucléaire civil, indispensable aux objectifs européens très audacieux de décarbonation. Or, jusqu'à cette année 2021, elle n'a pas suffisamment défendu son modèle énergétique et le nucléaire. Selon un ancien haut fonctionnaire français européen : « *La France, pour le nucléaire, s'est elle-même tiré une balle dans le pied* », face à une coalition déterminée, antinucléaire, derrière l'Allemagne.

Sur la taxonomie, Paris a d'abord oublié de défendre le nucléaire, avant de se reprendre, mais sans obtenir ce qu'elle souhaitait. Malgré l'avis favorable du comité scientifique européen sollicité par la Commission, celle-ci a choisi de se donner un peu de temps en reportant sa décision d'inclure ou non le gaz et le nucléaire dans la taxonomie verte. Pourtant, sans attendre la conclusion des chefs d'État et de gouvernement du Conseil européen, la Commission a validé, début septembre 2021, le cadre réglementaire du plan de relance post-Covid permettant d'émettre jusqu'à

250 milliards d'euros « *d'obligations vertes* » d'ici à 2026. L'intention est belle et bonne, mais les modalités sont stupéfiantes ! Le plan de relance annoncé soutiendra les investissements, sous certaines conditions, dans les centrales électriques fonctionnant au gaz, puissant émetteur de gaz à effet de serre, mais « *ne pourra en aucune manière financer des investissements dans le nucléaire* », a annoncé Johannes Hahn, le commissaire au Budget et à l'Administration. Une décision inacceptable car contraire aux traités qui laissent aux États toute latitude dans le choix des technologies à utiliser pour réduire les gaz à effet de serre ! Face à l'opposition déterminée de l'Allemagne, de l'Autriche, du Luxembourg, du Danemark et de l'Espagne, un sursaut est indispensable pour faire respecter le traité Euratom, toujours en vigueur, et le principe de subsidiarité qui prévaut pour les choix énergétiques des États membres comme le stipule le traité de Lisbonne.

La Commission européenne, une nouvelle fois, s'est laissé dominer par son obsession antinucléaire. L'Élysée doit réagir et ne pas la laisser faire. Quitte à quelque peu désavouer Pascal Canfin, intronisé patron des députés macronistes et président de la commission de l'Environnement au Parlement européen par Emmanuel Macron. L'ancien de WWF plaide pour l'introduction du gaz dans cette fameuse taxonomie, mais récuse le nucléaire. Critiqué par ses propres collègues. « *Sous certaines conditions, la taxonomie pourra considérer le nucléaire comme une énergie de transition*[32] », concède-t-il. Pour insister quand même : « *Mais elle ne considérera*

32. Pascal Canfin, « S'opposer par principe au nucléaire est absurde », *L'Express*, 5 septembre 2021.

jamais qu'il s'agit d'une énergie verte ! » Pascal Canfin sera-t-il rappelé à l'ordre ? Ou le chef de l'État continuera-t-il à jouer sur tous les tableaux ?

Cette hypothèse n'est pas à écarter si la France acceptait un compromis considérant le nucléaire comme une énergie de transition pour être incluse dans la taxonomie avec le gaz naturel. Ce piège serait un renoncement car investisseurs et industriels seraient incités à ne pas s'engager dans une voie sans avenir à long terme.

Lors de la présentation du Plan de relance, le 12 octobre 2021, Emmanuel Macron a annoncé qu'1 milliard d'euros serait investi pour développer des « *technologies de rupture* » dans le domaine du nucléaire. Pour « *faire émerger des réacteurs de petite taille* », dits « *Small modular reactors* » (SMR), « *avec une meilleure gestion des déchets* ». Il s'agit de rattraper le retard pris en France par rapport aux États-Unis, à la Chine (qui prévoit d'alimenter 526 000 foyers sur l'île de Hainan par ce moyen), à la Russie (qui a déjà installé un tel dispositif sur une barge en Sibérie orientale).

Le projet français, NuWard (Nuclear forWard ou « en avant le nucléaire »), est piloté par EDF, avec le Commissariat à l'énergie atomique (CEA), la société TechnicAtome et le constructeur militaire Naval Group. Si la technologie est maîtrisée, une mise en service n'est pas envisagée avant 2035. Surtout, ces SMR sont destinés à l'exportation, en particulier pour remplacer le charbon. Ils peuvent également servir à générer de la chaleur pour les chauffages urbains, à fabriquer de l'hydrogène, à dessaler de l'eau de mer... Ils alimenteraient des contrées dépourvues de réseau électrique.

Encore peu abouti, le projet est loin d'avoir trouvé son marché. Et il ne répond pas vraiment aux besoins essentiels de la France. « *Le SMR n'est pas du tout adapté au renouvellement du parc français où nous avons plutôt besoin de grosses unités sur très peu de sites* », explique Renaud Crassous, le directeur du projet pour EDF. Pour assurer la relève et un approvisionnement électrique stable, décarboné, indépendant, il faut lancer la construction de plusieurs EPR dès maintenant. C'est sur ce choix-là que le chef de l'État est attendu. C'est par cette décision qu'il manifestera sa volonté de se démarquer de l'écologie politique et idéologique.

CHAPITRE 14

LE CAVALIER SEUL DES ALLEMANDS

La politique énergétique allemande va dans le mur. Berlin veut y entraîner l'Union européenne. Avec nous ou sans nous ?

Avec le lancement du programme nucléaire par Georges Pompidou et Pierre Messmer, la France a disposé d'une électricité bon marché, tant pour les particuliers que pour les entreprises. Ce qui lui donnait un avantage de compétitivité face à l'Allemagne. Cet atout, elle est en train de le perdre, tant notre voisin manœuvre, non sans complicité dans l'un de nos ministères, voire de la part de certains élus, pour disqualifier notre énergie atomique. Sous le regard naïf de nos dirigeants s'évertuant à vouloir imiter une stratégie énergétique allemande qui sert les intérêts de Berlin mais nuit aux nôtres.

En la matière, l'Allemagne joue cavalier seul, n'empruntant le chemin d'une politique énergétique européenne que pour imposer la sienne aux autres membres de l'Union. Pourtant, en 1992, la France et l'Allemagne décident de construire ensemble un EPR (European pressurized reactor). Ce projet poussant la sûreté au plus haut niveau devait prendre en compte les visions d'équipes d'ingénieurs des deux pays, ce qui le complexifia. Mais, en 1998, Gerhard Schröder décide de ne plus développer le nucléaire, laissant la France seule pour porter un projet conçu à deux. Le groupe allemand Siemens rompt son accord avec Areva et en conclut un avec le Russe Rosatom.

Tout le monde a aussi en tête la décision – toujours unilatérale – d'Angela Merkel d'abandonner d'ici à décembre 2022 toute production d'électricité d'origine nucléaire, après le tsunami qui a gravement endommagé la centrale japonaise de Fukushima Daiichi, accident nucléaire de degré 7, en 2011. Choix d'une ingénieure de formation qui a pesé les avantages et les risques ? Comme elle le dira plus tard, ce sont en fait des raisons politiques qui ont guidé sa décision. Originaire d'Allemagne de l'Est, la chancelière a plutôt tenu compte d'une opinion publique qui garde une image guerrière de l'atome. En ce début des années 2010, il se trouve aussi qu'elle a besoin des Verts pour préserver sa majorité CDU dans quelques Länder. Et qu'elle anticipe une éventuelle grande coalition de gouvernement avec des Grünen qui ne craignent pas de s'associer à des conservateurs comme à des sociaux-démocrates. Sauf que pour les Verts allemands, la sortie du nucléaire n'est pas négociable.

Angela Merkel initie donc un *Energiewende* – tournant énergétique – visant à remplacer l'électricité nucléaire par des énergies renouvelables, l'éolien et le solaire, où les industries allemandes sont bien placées et pourront se développer. Les écologistes applaudissent, même s'il s'agit de renoncer à une énergie décarbonée pilotable pour d'autres, décarbonées certes, mais intermittentes. Ce qui va contraindre à conserver et à faire tourner les centrales à charbon à chaque défaillance de la météo. Il est vrai que l'exploitation du lignite et son utilisation dans des centrales électriques maintiennent près de 30 000 emplois. Ce qui est relativement peu, mais elles sont concentrées dans des territoires de l'ex-Allemagne de l'Est en voie de désindustrialisation, où l'extrême droite réalise des scores importants. En mai 2020, tandis que nous fermions les deux réacteurs de Fessenheim, une nouvelle unité de production électrique au charbon a été ouverte en Rhénanie-du-Nord-Westphalie, Datteln 4 ! Et, en 2021, la première pierre d'une centrale à gaz a été posée en Bavière. Beaucoup d'autres suivront.

Les gains en matière de lutte contre le réchauffement climatique ne sont pas à la hauteur des espérances. En 2019, la production d'électricité allemande émettait près de dix fois plus de CO_2 par KWh qu'en France. Et si, en 2020, les objectifs de réduction de gaz à effet de serre étaient atteints, la raison en incombait à la pandémie de Covid-19 qui a fortement réduit l'activité économique. En 2021 avec la reprise, ses émissions auront augmenté de 6%. Il convient aussi de noter que Berlin a pris comme référence de base les gaz émis en 1990, c'est-à-dire au moment de la réunification qui a intégré des industries est-allemandes fortement polluantes et plus faciles à verdir ! La comparaison en devient plus favorable.

La décision de la « chancelière du climat » en 2011 valait croche-pied à son partenaire français : un choix opéré sans aucune concertation et qui déstabilisait la filière nucléaire hexagonale. Ce n'était pas la première avanie dans les relations franco-allemandes en matière d'énergie alors que Paris bénéficiait du leadership technologique sur le nucléaire. Au moment où Areva traitait les déchets nucléaires des centrales allemandes, Gerhard Schröder choisit de privilégier le gaz russe, à travers notamment le projet Nord Stream 2. Au terme de quelles négociations ? Comment expliquer que Gerhard Schröder se retrouve ensuite à la tête du comité d'actionnaire de la société qui exploite ce gazoduc sous contrôle du géant gazier russe Gazprom ? En 2017, il deviendra aussi président du conseil d'administration de Rosneft, géant pétrolier russe. Il est vrai que les gaziers ont tout intérêt au développement de l'éolien et du solaire, puisque cela les rend incontournables pour assurer la sécurité pilotable des énergies intermittentes. Lorsque soleil et vent s'arrêtent, les centrales à gaz doivent démarrer.

L'offensive allemande contre l'avantage de compétitivité français va également passer par Bruxelles. Chacun sait que l'Allemagne cultive l'art d'user des institutions européennes pour amplifier son influence et développer son efficacité. Ses eurodéputés y déploient assidûment leurs talents avec constance et sens des intérêts de leur pays, là où Paris envoie souvent des battus du suffrage universel ou des amis à récompenser. Quelle que soit leur capacité à suivre des dossiers, négocier des compromis, faire aboutir des projets. Ou simplement être présents au moment des décisions importantes. De leur côté, les hauts fonctionnaires tricolores imaginent rarement que leur promotion se construit dans les directions européennes. Quant aux ministres français chargés des Affaires européennes, leur rotation accélérée leur laisse peu de temps pour s'approprier les dossiers et donne le tournis à nos partenaires. Et on ne peut pas compter sur le ministère de l'Environnement pour qu'il défende à Bruxelles ce qu'il combat à Paris.

Pour réduire le nucléaire français, Berlin va s'appuyer sur les règles commerciales de l'Union européenne, une concurrence « *libre et non faussée* » conduisant à une dérégulation. D'abord l'UE, dans les années 2010, va demander à la France de réformer son marché de l'électricité et de vendre une partie de la production électronucléaire d'EDF à prix sortie usine pour que les concurrents de l'entreprise publique puissent rentrer dans la compétition commerciale avec elle. But recherché : que les fournisseurs alternatifs développent leurs propres outils de production pour entamer la position dominante d'EDF et faire baisser les prix de l'électricité ! Qui pouvait croire une seule seconde à cette fable de la baisse du prix de l'électricité ? Aucun autre outil de production ne pouvait être compétitif face au MWh nucléaire historique vendu au prix sortie d'usine ? Il était donc évident que, après avoir joué ce mauvais tour à EDF, les revendeurs n'auraient aucun bilan positif à présenter en matière d'outils de production. Parallèlement, il fallait que les concessions hydroélectriques détenues par EDF soient mises en concurrence, ce qu'aucun autre pays ayant des productions hydrauliques en Europe n'a fait.

Si nos « *élites politiques* », comme il est d'usage de les appeler, avaient réfléchi pour comprendre à qui allait bénéficier le crime de destruction d'EDF, elles auraient poliment dit à la Commission « *d'aller faire sa confiture ailleurs* », comme disent nos cousins québécois.

La France, toujours le petit doigt sur la couture du pantalon, ne s'est pas posé la moindre question, n'a pas conduit la moindre réflexion. Elle a lancé la commission dite Champsaur qui finit par proposer une loi sur une nouvelle organisation du marché de l'électricité (NOME). Adoptée par le Parlement français en 2011, cette loi consacre l'obligation pour EDF de vendre un quart de sa production d'électricité nucléaire à ses concurrents. À un prix fixé à 42 €/MWh alors qu'au même moment, la Cour des comptes calculait que le coût économique complet du MWh du parc historique s'établissait à 55 €.

L'aubaine était rêvée pour les revendeurs d'électricité pouvant acheter à prix coûtant jusqu'à 100 TWh d'électricité nucléaire sans en assumer le moindre risque : de sûreté, technique, financier et social. Pire : quand le prix de l'électricité baisse en dessous de 42 €/MWh sur le marché, les revendeurs délaissent EDF, qui doit quand même assurer les charges de maintenance, de sûreté et d'investissements. La loi n'a pas prévu de clause d'obligation d'achat ! On ne fait pas mieux dans la stupidité.

De leur côté, les revendeurs n'ont construit aucun nouvel outil de production d'électricité, se contentant de se gaver avec celle, nucléaire, produite par EDF et revendue la plupart du temps avec l'estampille « *électricité verte* ». Ils peuvent en effet acheter des certificats Verts comme l'on fait des certificats de virginité ! Et la France, fière de sa loi NOME, va la déposer à Bruxelles, sans comprendre que cela revenait à offrir la tête d'EDF sur un plateau, comme Salomé le fit avec celle de Jean le Baptiste il y a deux mille ans.

Histoire d'augmenter d'un cran la compétitivité des revendeurs, la Commission de régulation de l'énergie, la CRE, fait encore mieux : elle contraint EDF à vendre à ses clients une électricité soumise à un tarif réglementé – le Tarif réglementé de vente (TRV) – qui va évoluer à la hausse en permanence. Alors que, pendant ce temps, le tarif ARENH reste bloqué. D'où une concurrence plus sévère qui fait perdre à EDF des milliers de clients (jusqu'à 150 000 abonnés en moins chaque mois en 2020). La CRE semble s'en réjouir, y voyant la preuve du développement de la concurrence. Au bénéfice de trois revendeurs principaux qui ont tous été épinglés pour du démarchage mensonger et des pratiques commerciales douteuses, mais aussi d'une centaine d'entreprises commerciales attirées par la bonne affaire faite sur le dos d'EDF.

Autre cadeau : l'évaluation du « *quart de la production* » d'EDF. Avec l'arrêt de Fessenheim et les travaux post-Fukushima dans les centrales nucléaires, la production d'électricité nucléaire a baissé. Un quart correspond aujourd'hui à 85 TWh, mais l'entreprise historique doit toujours en vendre 100 TWh au prix ARENH ! Face à l'explosion des prix, les revendeurs, *Que Choisir ?* et la CRE demandent même à l'État d'autoriser la vente de 150 TWh. Ce qui n'est pas loin de représenter la moitié de la production d'EDF. En matière de dépouillement, il doit y avoir des limites...

Les concessions à l'Europe et à nos amis allemands se sont poursuivies. En 2015, la loi de transition énergétique pour la croissance verte (LTECV), qui prévoyait 50% de nucléaire en 2025, allait dans le sens voulu par Berlin. C'était déjà un grand pas vers la sortie du nucléaire tout comme l'arrêt des 2 tranches de Fessenheim. D'ailleurs, le bilan prévisionnel de RTE qui a suivi faisait, pour 2050, plusieurs scénarios dont un de sortie du nucléaire. Fallait-il y voir l'œuvre du rapporteur de la LTECV, le député socialiste François Brottes, devenu juste après président du directoire de RTE ? Pour les concessions hydrauliques, Ségolène Royal, ministre de l'Environnement puis ambassadrice des Pôles, avait trouvé la solution dans cette LTECV : une Société d'économie mixte par vallée et le problème était réglé. Sauf celui de la responsabilité de la sûreté hydraulique et de son optimisation à la taille de la France.

Il arrive toutefois que la réalité modifie les trajectoires. Sitôt élu président de la République, l'ex-ministre, l'ex-banquier d'affaires, confronté à cette échéance utopique et immédiate, décide de repousser de 2025 à 2035 la date à laquelle le nucléaire représentera 50% de notre mix électrique ; la fermeture de quatorze réacteurs est confirmée. Un délai moins farfelu, mais guère plus réaliste et qui ne repose pas plus sur l'étude sérieuse des moyens et conséquences de ce 50% à valeur plus politique que scientifique. Le ministre d'État Nicolas Hulot en conçoit une grosse frustration. Les Allemands manifestent leur mécontentement. Emmanuel Macron leur offre la fin anticipée de Fessenheim, sans attendre le couplage au réseau de Flamanville, ainsi que l'avait décidé François Hollande. Et en pleine pandémie ! Le projet Hercule de scission d'EDF, lui, se voit remis à plus tard.

Ministre du Budget de François Hollande, Emmanuel Macron a dû être interpellé par l'Union européenne au sujet de la loi NOME, qui engageait la France et non EDF. Intervenant pour tenter de relever le prix ARENH afin de redonner une marge à l'entreprise historique, il s'est vu répondre que le développement de la concurrence dans le secteur de l'électricité n'allait pas assez vite en France. D'où son idée géniale de séparer la production nucléaire et son ingénierie des autres activités d'EDF pour en faire une entité à part. Le nom du projet ? Hercule, fils de Jupiter... Pourquoi une telle séparation ? C'est un mystère. Les énarques et banquiers d'affaires aiment les Meccanos industriels, même s'ils finissent souvent mal, à l'image d'Anne Lauvergeon et d'Areva. Peut-être le ministre du Budget espérait-il aussi faire main basse sur les provisions de démantèlement de fin de cycle du combustible. À moins qu'Emmanuel Macron ne soit vraiment opposé au nucléaire et que le sacrifice de la filière pour faire plaisir à la chancelière ne lui pèse pas vraiment.

Renvoyé à Bruxelles, le projet Hercule revient sous la forme d'une scission d'EDF en trois entités. Une entreprise publique (EDF bleu) regrouperait les centrales nucléaires et le réseau de transport. Une autre (EDF vert) chapeauterait les activités commerciales, la distribution d'électricité et les énergies renouvelables. Cotée en Bourse, elle pourrait attirer les investisseurs pour développer l'éolien et le solaire. Une troisième 100% publique (Bleu azur) concernerait les barrages hydroélectriques. Pour justifier cette séparation, l'État explique qu'il sera obligé d'intervenir pour aider EDF à investir dans le renouvellement de son parc. Il peut le faire pour une entreprise nationalisée, mais pas pour une société anonyme. D'où le nucléaire coiffé par une entité publique.

Sauf que, lorsqu'une SA est détenue à 85% par l'État et que son cours de Bourse est infime, elle peut être renationalisée sans problème. Par ailleurs, l'État a prélevé sur EDF 20 milliards de dividendes en dix ans, soit le prix de 3 EPR 2. Pourquoi ne pas les lui restituer ?

Le projet Hercule suscite de nombreuses oppositions, politiques, syndicales, sociales. Beaucoup craignent que le nucléaire ne soit pillé par des revendeurs d'électricité assoiffés de bénéfices alors que la filière ne pourrait pas tirer profit des gains obtenus à coups de prix garantis dans les énergies renouvelables. En route, la réforme a perdu son nom, « *Hercule* » le cédant à « *Grand EDF* » et le président de la République l'a mise en mode pause. Elle ne sera pas actée avant l'élection présidentielle. Tant pis si cela déplaît à Bruxelles et Berlin, mais le sujet paraît trop politiquement inflammable dans une campagne qui devrait poser la question de la souveraineté énergétique de la France.

Il y aura de quoi animer les débats ! Autre cheval de Troie allemand dans les instances européennes : les débats sur la « *taxonomie verte* ». Berlin refuse de reconnaître le nucléaire comme une énergie propre bien que décarbonée. Ce qui lui interdit de recevoir des subventions sans être attaqué au nom du refus catégorique des aides d'État et d'avoir accès à certains financements. Le président de la commission Environnement du Parlement européen, l'écologiste français converti à la macronie Pascal Canfin approuve, mais accepte que les cycles combinés au gaz méthane soient aidés par les gouvernements ! En oubliant qu'une centrale à gaz émet 420 g de CO_2 par KWh contre 6 g de CO_2 pour l'électronucléaire ! Raison avancée : le méthane n'est qu'une énergie de transition qui sera progressivement remplacée par le biogaz, l'hydrogène vert et le méthane de synthèse. Mais de qui se moque-t-on ? Les gazoducs Russie-Allemagne ne sont que des installations qui vont durer quinze ans ? Encore mieux, dans le plan de relance de l'UE, on va mettre, à l'horizon 2050, 470 milliards d'euros sur l'hydrogène. Qui sera bleu avant d'être vert un jour peut-être, car l'électrolyse exige beaucoup de cette électricité produite par des centrales à gaz. Victoire du gaz sur le nucléaire par 2 à 0. Bravo les gaziers !

Pour sortir des impasses, la Commission a l'art de trouver des compromis souvent bancals. Celui qui s'est dessiné pour la taxonomie n'est pas que bancal, c'est une défaite pour le nucléaire, pour la France et les États membres nucléophiles. En qualifiant de transitoire le nucléaire, comme le gaz naturel, c'est le gaz qui gagne, en raison de la construction nettement plus rapide de centrales moins chères s'amortissant plus vite. Les investisseurs rechigneront à aller vers les lourds investissements nucléaires et les industriels resteront entravés par l'incertitude qui définit une transition. Mais n'est-ce pas ce que visent l'Allemagne et ses alliés dont l'influent député européen Pascal Canfin, proche du président de la République ?

Il est temps pour Paris de réagir. Et de signifier à l'Allemagne qu'il lui appartient d'assumer les conséquences de ses choix énergétiques sans tenter d'imposer son modèle aux autres pays européens, dont la France. D'autant que cet *Energiewende* semble atteindre ses limites et fait l'objet de sévères critiques outre-Rhin. En avril 2021, la Cour constitutionnelle de Karlsruhe a infligé un camouflet à Angela Merkel en estimant que les objectifs de sa loi climat de 2019 étaient « *insuffisants* ». Il était prévu de réduire d'ici à 2030 les émissions de gaz à effet de serre de 55% par rapport au niveau de 1990. Pour les Sages, en n'agissant pas dès maintenant, le gouvernement fait porter un poids excessif sur les générations futures qui aboutira à une restriction inévitable de leurs droits fondamentaux.

La Cour constitutionnelle laissait au législateur jusqu'à fin 2022 pour réviser ses objectifs et préciser les moyens d'y parvenir. La chancelière n'a pas voulu attendre si longtemps. Le 5 mai 2021, son gouvernement a annoncé qu'il visait à réduire de 65% – contre 55% actuellement – ses émissions de gaz à effet de serre par rapport à 1990. Pour atteindre une neutralité carbone dès 2045, cinq ans plus tôt que prévu. Une anticipation qui traduit l'inquiétude de son parti conservateur face à la montée des Verts. Elle n'aura pas suffi à empêcher la déroute de la CDU aux législatives du 26 septembre 2021, même si ce ne sont pas les Grünen qui ont gagné les élections.

Les engagements de la chancelière s'apparentent à une fuite en avant qui inquiète les acteurs économiques d'outre-Rhin. Pour certains, la révolution énergétique allemande conduit à un désastre que les nouvelles directives ne peuvent qu'amplifier. En mai 2021, la Cour des comptes fédérale a lancé un sévère avertissement au gouvernement allemand : sa politique actuelle de transition énergétique met en danger l'économie allemande ; le risque de pénurie d'électricité augmente et les coûts sont hors de contrôle ! Les ménages allemands paient le KWh le plus cher d'Europe à 30,9 centimes, près de deux fois plus qu'en France où il est à 17,8 centimes. Même si les grandes entreprises le paient moins cher, elles sont menacées par les effacements de consommation imposés aux heures de pointe, sans soleil ni vent. Quant au développement de l'éolien, il se heurte à une opinion de plus en plus réticente et aux énormes investissements nécessaires pour développer le réseau. Les écologistes ne se sont-ils pas opposés à la construction d'une ligne haute tension pour relier les fermes d'éoliennes offshore du Nord aux industriels du Sud ?

Le désastreux « *rêve vert* » allemand va-t-il contaminer la France ? Surtout lorsqu'il nourrit des délires européens en matière de lutte contre le réchauffement climatique. Dévoilé le 14 juillet 2021, le « *Paquet vert* » présenté par la Commission fixe comme objectif une baisse des émissions de CO_2, d'ici à 2030, d'au moins 55% par rapport à 1990. Au programme : un kérosène taxé, une interdiction de vendre des véhicules neufs diesel et essence à partir de 2035, l'extension du marché des émissions carbone à l'aviation et au secteur maritime, un nouveau marché carbone pour les carburants et le chauffage des ménages... Cette dernière réforme pourrait augmenter de 400 € par an la facture de fioul et de gaz domestique des ménages. En matière d'énergie, la Commission programme une hausse des énergies renouvelables à 40% du mix énergétique et une multiplication par six de l'éolien ! De nucléaire, il n'est pas question...

Des ambitions qui s'apparentent fort à celles de l'Allemagne et que la présidente de la Commission européenne, l'Allemande Ursula von der Leyen, et son vice-président, le Luxembourgeois social-démocrate Josef Timmermans, ont tenté d'imposer à des commissaires réticents. Thierry Breton, en charge du marché intérieur, a mis en garde sur les pertes d'emplois dans la filière automobile qui ne seraient pas compensées par des embauches dans celle des batteries électriques. Mais sans plus. Seule la création d'une compensation carbone aux frontières – terme européen pour parler d'une taxe ! – répond aux vœux de la France, mais Berlin n'en veut pas. Les ONG estiment bien sûr que le « *Green deal* » ne va pas assez loin. Les négociations au sein du Conseil européen et les délibérations dans chaque pays s'annoncent sportives !

Face à ces folies, Emmanuel Macron est-il capable de sauver l'électronucléaire français, qui nous donne un avantage à la fois concurrentiel et climatique par rapport à notre voisin ? Outre qu'il faudrait qu'il le veuille, l'approche de l'élection présidentielle n'invite pas vraiment à ce courage politique, mais les sondages et le retournement de l'opinion sur le nucléaire peuvent ramener un peu de bon sens. Il est « *en même temps* » tenté de satisfaire un électorat vert qu'il croit indispensable pour l'emporter au second tour en avril 2022.

À moins que… le revirement de son ancien ministre de la Transition écologique, François de Rugy, en faveur du nucléaire n'ait préparé une conception plus réaliste de la lutte contre le réchauffement climatique[33]. Dans le même mouvement, François Bayrou, haut-commissaire au Plan, a affirmé haut et fort qu'il ne saurait y avoir de transition écologique sans énergie nucléaire[34]. Puisse Emmanuel

---

33. François de Rugy, « L'écologie n'est pas la propriété de EELV », *Le Point*, 13 mars 2021.
34. François Bayrou, « Électricité : le devoir de lucidité », Haut-commissariat au Plan, 23 mars 2021, *www.gouvernement.fr*

Macron défendre nos intérêts, entendre ces deux proches en abordant l'avenir du pays sans l'ombre pesante d'Angela Merkel, la chancelière ayant renoncé à se représenter.

Avec la tempête qui s'est levée à l'automne 2021 sur le prix du gaz, et par voie de conséquence sur celui de l'électricité, l'ouverture du marché de l'électricité au début des années 2000, sa dérégulation s'avèrent catastrophiques. Demain, si on laisse faire, des producteurs d'énergie privés réserveront leur production à des clients pécunieux comme cela se pratique déjà dans certains pays scandinaves pour des acteurs puissants de l'économie numérique. Le moment est venu de considérer l'électricité comme un service d'intérêt général au bénéfice des citoyens, dont la pérennité de l'approvisionnement et la maîtrise du prix sont sous le contrôle et la garantie des États. « *Le marché européen de l'électricité est aberrant.* » Ce sont les mots du ministre des Finances et de l'économie Bruno Le Maire ! Une réforme européenne s'impose, mais Bruxelles fait la sourde oreille. L'Europe s'est créée autour des énergies avec la CECA et EURATOM ; son avenir pourrait être menacé par les conséquences des errements de sa politique énergétique.

CHAPITRE 15

LA REVANCHE DE LA GÉOPOLITIQUE

Les énergies renouvelables devaient nous mettre à l'abri des crises mondiales. Elles nous obligent à choisir Poutine ou la Chine ! Voire les deux.

« *Dépendre du soleil, du vent, de la géothermie, dépendre de nos déchets, des énergies marines, c'est quand même mieux que de dépendre de Poutine, des pétromonarchies du Golfe ou de l'importation d'uranium du Niger.* » Lors du débat de la primaire écologiste, le 5 septembre 2021 sur le canal 27 de France Info, le candidat à la candidature Yannick Jadot retrouve des accents rousseauistes pour dire son pessimisme sur l'homme et son optimisme sur les vertus de la nature. Les énergies renouvelables annoncent donc l'avènement d'un monde de paix infinie. Puisque le soleil et le vent ne cessent de briller et de souffler sur terre, hors quelques intermittences conjoncturelles, et que cette abondance est gratuite, les conflits suscités par la pénurie ne sauraient plus être. Ainsi prendrait fin la vieille géopolitique du monde fossile du VVe siècle. Celui qui a connu deux guerres mondiales et tant d'autres, régionales. Sauf que Poutine reste un stratège menaçant, qui garde la haute main sur le robinet du gaz dont l'Allemagne est devenue le hub occidental. Sauf que les pétromonarchies savent se reconvertir. Sauf que la Chine domine largement le marché des terres rares indispensables pour capter le soleil et le vent ! Mieux vaut ne pas succomber aux effets iréniques de la naïveté.

Il est vrai que les hydrocarbures ont façonné les relations internationales du siècle passé. Ministre de l'Industrie pendant le deuxième choc pétrolier, André Giraud présentait une définition très particulière du pétrole : « *C'est une matière première à fort contenu diplomatique et militaire, avec une valeur fiscale indéniable et accessoirement un pouvoir calorifique.* » L'histoire en a validé les termes. Pendant la bataille de Verdun, alors que le gouvernement français s'acharnait à obtenir du carburant américain, Georges Clemenceau affirmait que « *désormais pour les nations et pour les peuples, une goutte de pétrole a la valeur d'une goutte de sang.* » Valeur qui provenait de l'inégale répartition des réserves.

Avec près de la moitié des réserves et ressources pétrolières, le Moyen-Orient est devenu un enjeu géopolitique considérable. De retour de Yalta, le président Roosevelt, sur le croiseur Quincy, signa avec Ibn Séoud, le roi d'Arabie saoudite, un accord stratégique qui a ouvert aux États-Unis « *l'or noir* » du pays. Sept ans plus tard, Washington a favorisé le renversement du Premier ministre Mossadegh afin de contrôler les ressources en hydrocarbures de l'Iran. S'ensuivit une attention particulière pour cette région du monde et des alliances appropriées pour préserver les passages des supertankers dans le canal de Suez, le détroit d'Ormuz ou celui de Malacca, ou la sécurité des pipelines dans les pays de transit peu fiables. Les gaz de schiste permettant aux États-Unis de retrouver une indépendance énergétique, leur implication dans les conflits locaux baissa d'intensité. Quitte à laisser la place à la Russie et à la Chine.

Nouveau siècle, nouvelles relations internationales quasi œcuméniques ? Les Allemands, toujours eux, veulent y croire. Convertie à une politique énergétique fondée sur le développement massif des énergies renouvelables, une large part de la classe politique et de la population allemandes estime que ce choix entraînera une rupture avec la géopolitique traditionnelle. Dès 2012, le très officiel rapport annuel du ministère de l'Environnement fédéral sur la politique énergétique écrivait sans laisser la moindre place au doute : « *S'agissant des renouvelables, le calcul économique est vain car leurs bénéfices ne peuvent être quantifiés : défense internationale par une moindre compétition pour les ressources fossiles, impossibilité de détournement de ces énergies à des fins militaires, mise en valeur décentralisée propice à soutenir la démocratie locale.* »

Ce texte, qui constitue bien un manifeste politique, n'émane pas de quelques idéalistes pacifistes, mais a été publié sous l'ère Merkel. Laquelle n'a pas renié les engagements de Klaus Töpfer, économiste « *pape de l'environnement* » et éminent représentant de la CDU, pour qui les guerres se nourrissent du combat pour le pétrole et l'eau alors que les politiques pour l'environnement favorisent les paix du futur. C'est à lui que la chancelière confia la présidence de la Commission d'éthique mise en place dans la foulée de Fukushima...

Les ardents défenseurs de la transition énergétique mettent en avant les aspects supposés positifs d'une énergie jugée abondante et gratuite grâce à un soleil et un vent « *infinis* ». Cela rappelle la communication des GAFAM qui, durant des années, ont survendu une tech déconnectée des réalités matérielles, empruntant au vocabulaire céleste pour vanter le « cloud » hébergeant éternellement nos fichiers, le tout forcément « *gratuit* ». Là, l'écologie politique pare les énergies renouvelables de toutes les vertus. Abondantes mais dispersées, elles favoriseraient la production domestique, abaissant ainsi la dépendance à l'importation tout en améliorant la balance commerciale des pays qui doivent acheter leurs combustibles fossiles. Cela permettrait de sélectionner des partenaires commerciaux fiables à l'heure où davantage de pays sont producteurs.

La description du paradis énergétique ne s'arrête pas là. Principal vecteur des énergies renouvelables, l'électricité souffre de pertes dues aux longues distances ? Les échanges deviendraient donc de plus en plus régionaux et des communautés de réseaux gérées conjointement par des pays voisins remplaceraient les chaînes d'approvisionnement mondiales. De nouvelles industries pour les systèmes de support et de stockage se développeraient, avec création d'emplois et revenus. Enfin, les énergies renouvelables devraient contribuer à la stabilité, locale par l'essor économique et la démocratie de proximité, mondiale par la réduction de la pollution et la baisse des conflits et des migrations.

Comme pour les technologies de l'information, dont l'utilisation des données personnelles et la très forte consommation d'énergie ont douché quelques illusions, les partisans des énergies renouvelables ont dû opérer un retour assez brutal sur terre. Si soleil et vent sont quasi illimités au sens strict, il n'en va pas de même pour les éléments nécessaires à les capturer et à les utiliser. Dès 2017, un rapport de la Banque mondiale a alerté sur « *la face cachée de la transition énergétique*[35] », à savoir l'explosion de la consommation de certains minerais et métaux (aluminium, cobalt, cuivre, nickel, fer, lithium, terres rares, etc.). Les technologies éoliennes, solaires et de transport pourraient in fine consommer « *significativement plus de ressources que les systèmes traditionnels basés sur les énergies fossiles* », y est-il écrit. Le texte souligne aussi l'ambiguïté de la transition bas carbone : censée être vertueuse, elle exige que l'exploitation des minerais et métaux soit effectuée de manière « *durable* » ; or l'augmentation des extractions a un impact sur les ressources en eau, les écosystèmes et les communautés environnantes. Notons que le nucléaire n'est jamais abordé ni même cité dans l'étude.

Peu prise en compte, cette mise en garde s'est vue relancée en mai 2021 par l'Agence internationale de l'énergie (AIE) dans son rapport *The Role of Critical Minerals in Clean Energy Transitions*[36]. Il souligne « *l'augmentation considérable des besoins de certains minéraux* » au niveau

35. La Banque mondiale, *The Growing Role of Minerals and Metals for a Low-Carbon Future,* 18 juillet 2017, *www.banquemondiale.org*
36. Agence internationale de l'énergie, *The Role of critical Minerals in Clean Energy Transitions,* mai 2021, *www.iea.org/reports*

mondial initiés par ces technologies : lithium, nickel, cobalt, manganèse et graphite pour la constitution de batteries, terres rares pour les aimants permanents d'éoliennes et de moteurs de véhicules électriques, cuivre et aluminium pour le déploiement des réseaux électriques, etc. Les éoliennes, terrestres et encore plus maritimes, et les panneaux solaires exigent une masse de métaux bien supérieure à celle requise pour les centrales électriques fonctionnant aux énergies fossiles ou au nucléaire. D'ici à 2040, la demande mondiale de nickel et de cobalt liée à la transition énergétique pourrait être multipliée par 20 et celle de lithium, par plus de 40 !

Conclusion : « *Le monde des énergies renouvelables est tout aussi chtonien que celui des sources énergétiques qui les ont précédées* », résume Cécile Maisonneuve, présidente de La Fabrique de la Cité. Il renvoie aux mêmes réalités minières, qui impliquent des accords avec les pays producteurs, de longues négociations sur les conditions de travail et le respect des droits de l'homme dans l'industrie extractive, des batailles entre entreprises nationales et sociétés privées… Les pays détenteurs des minerais et métaux devenus stratégiques ne sont pas les mêmes que ceux qui possèdent les réserves d'hydrocarbures ; les luttes d'influence se ressemblent étrangement. Elles s'illustrent dans le conflit commercial qui oppose les États-Unis et la Chine, celle-ci ne craignant pas d'agiter d'éventuelles mesures de rétorsion sur les exportations de terres rares, dont elle assure actuellement 80% de la production mondiale.

La transition énergétique ne sera pas un long fleuve tranquille et il y aura des perdants. L'AIE estime ainsi que les pertes de revenus des pays exportateurs de pétrole pourraient s'élever à 7000 milliards de dollars d'ici à 2040 ! Certains acteurs, les moins peuplés comme l'Arabie saoudite, le Qatar ou la Norvège, qui disposent de fonds souverains gigantesques, ont déjà engagé leur diversification. Les plus peuplés, comme le Nigeria, l'Égypte, l'Iran, l'Algérie, voire la Russie, dont l'équilibre économique et social dépend presque intégralement des rentes pétrolières ou gazières, s'exposent à des mouvements sociaux, peut-être des guerres civiles ou régionales.

Ces difficultés n'excluent pas pour autant des situations de domination énergétique. La Chine, d'ores et déjà, apparaît comme la grande gagnante des transformations en cours. En l'espace de cinq ans, Pékin a amélioré sa position géopolitique en devenant le plus important producteur, exportateur et installateur de panneaux solaires, d'éoliennes, de batteries et de véhicules électriques. Mais la Chine est aussi, depuis 2018, le leader mondial dans l'achat de gaz naturel et dans le développement de l'énergie nucléaire et hydraulique. Elle dispose de 50 réacteurs nucléaires, dont 2 EPR couplés au réseau, et 14 réacteurs sont en construction. La puissance de son parc nucléaire vient de dépasser celle de la France. C'est aussi très discrètement le plus grand financeur de centrales à charbon auprès des pays émergents (Pakistan, Bangladesh, Vietnam, Indonésie...), pour qui cette énergie est la seule leur permettant d'assumer, à un coût raisonnable, la croissance exponentielle de leur consommation d'électricité alors qu'ils ne trouvent plus de financement auprès des banques occidentales. Ainsi, depuis les accords de Paris, la Chine a financé plus de 200 projets de centrales à charbon (103 GW) dans 34 pays, dont 11 africains. Elle affirme vouloir y mettre fin. Les engagements de Pékin à la COP de Glasgow vont dans ce sens. Ce sera à vérifier !

Curieusement, la transition énergétique et la promotion d'ambitions environnementales permettent à la Chine d'accélérer sa course vers le leadership mondial. Elle tisse sa toile le long de « *la route de la soie* », route qui pour Pékin se déploie des pays voisins au monde entier. L'essor providentiel du gaz et du pétrole de schiste américains a pu freiner son élan, mais les incertitudes de la politique washingtonienne bouleversent les équilibres mondiaux. Et sèment le doute chez les alliés européens. Quant à la maîtrise de l'intelligence artificielle, supposée capable de ralentir la domination chinoise, elle ne reste qu'un avantage provisoire de l'Occident. Pékin a compris l'enjeu et investit à fond dans les start-up de ce secteur. Le pouvoir ne finançait que 12% d'entre elles en 2016 ; un an plus tard, il en soutenait la moitié ! Au point de devancer parfois les États-Unis dans certains domaines de l'IA.

Où se situe l'Union européenne dans ce nouveau paysage géopolitique qui se dessine ? Ailleurs ou nulle part, tant elle paraît absente des enjeux actuels et futurs. Pour paraphraser François Mitterrand, on peut dire que les angéliques sont en Allemagne et en Europe et que les réalistes sont en Chine et en Asie. En décidant la fin du nucléaire, Angela Merkel a choisi des énergies renouvelables qui nécessitent des centrales thermiques pour pallier leur intermittence. Le charbon devant disparaître en Allemagne en 2038, reste le gaz. Celui qui provient de Russie. D'où le fort soutien de la chancelière au projet Nord Stream 2, gazoduc reliant directement l'Allemagne et la Russie via la mer Baltique et assurant la continuité de l'approvisionnement. Fût-ce au détriment de l'Ukraine, qui risque de perdre une « *solidarité de fait* » avec Berlin dans la mesure où, jusqu'à aujourd'hui, ce gaz transite par son territoire, or Poutine veut affaiblir encore ce pays qu'il convoite. Fût-ce aussi contre les pressions des Américains hostiles à ce lien avec Moscou et qui proposent de vendre leur propre gaz naturel liquéfié. Fût-ce enfin contre de nombreux pays européens, dont la France, opposés à ce projet qui place l'Union européenne sous la dépendance russe. D'autant que Vladimir Poutine excelle à ramener dans ses filets d'anciens dirigeants politiques européens de haut niveau en leur offrant prestige et revenus dans les grandes sociétés d'État russes. Après Gerhard Schröder, ex-chancelier d'Allemagne, et Wolfang Schüssel, ex-chancelier autrichien, c'est François Fillon, ancien Premier ministre français, qui a rejoint le conseil d'administration de Zaroubejneft, un groupe pétrolier détenu à 100% par l'État russe.

Cette stratégie d'influence vise à défendre les intérêts économiques et politiques de la Russie. Elle prouve que la vieille géopolitique du monde fossile a encore de beaux jours devant elle. Elle n'aide pas à l'élaboration d'une vraie politique énergétique européenne. Dans la foulée de l'Allemagne, l'Union a choisi les énergies renouvelables pour diversifier son approvisionnement électrique et, à terme, remplacer le pétrole et le gaz naturel. Mais les bénéfices de ce choix ne seront pas également répartis entre les États membres. Les pays d'Europe centrale s'inquiètent du prix de l'énergie et, surtout, de la main-d'œuvre encore employée dans leurs industries fossiles, une évolution trop rapide risquant de susciter de graves mouvements sociaux. Plusieurs d'entre eux préfèrent se tourner vers le nucléaire.

À l'instar de Berlin, l'Union européenne ne veut pas voir que l'énergie nucléaire est décarbonée et qu'elle constitue un atout géopolitique. Si les réacteurs de quatrième génération entrent en fonction, ils pourront consommer des déchets de combustibles usés et de l'uranium appauvri dont le stock disponible permettra de s'affranchir d'importation de combustible pour plusieurs siècles.

Entre des énergies renouvelables intermittentes, qui nous mettent à la merci de puissances étrangères, ou du nucléaire qui assure notre indépendance énergétique, le choix devrait être évident. L'Europe fait le contraire ; la France ne se décide pas. Emmanuel Macron a arrêté la recherche et développement sur la quatrième génération, il a renvoyé dans son discours du Creusot à 2023 l'engagement ou non sur la construction de 6 nouveaux EPR. Il a reporté sine die la réforme d'EDF. Or le temps perdu en la matière risque de ne pas se rattraper. C'est même l'objectif stratégique des antinucléaires et de leurs alliés ! Il est essentiel que la question soit posée au cours de la campagne présidentielle 2022. Le prochain président de la République devra s'être prononcé clairement sur la place du nucléaire dans notre système énergétique.

CONCLUSION

LA FRANCE DOIT SAISIR SA CHANCE

La France, terre de « résilience », comme on dit aujourd'hui ? Sans aucun doute. Forte d'une histoire tumultueuse, elle a vu périodes brillantes et temps difficiles se succéder dans des alternances souvent violentes. Plus résistant que résilient, le pays a su faire mieux qu'un retour à la forme passée ; il a pris les chemins du progrès, usant de sa formidable capacité de rebond. Comme s'il lui fallait frôler la mort pour rassembler des forces souvent tentées par la division et revenir au premier plan des nations.

Dans les années 1970, face aux chocs pétroliers qui menaçaient ses approvisionnements et sa compétitivité, le plan Messmer lança la construction de 58 réacteurs nucléaires. Objectif : assurer l'indépendance énergétique du pays en mobilisant ingénieurs et industriels de l'atome. Il fut atteint en un temps record.

Des décennies durant, ce parc nucléaire a fourni aux familles et aux industriels français une électricité fiable et moins chère que dans la plupart des autres pays. Avantage annexe qui est devenu essentiel avec le réchauffement climatique, cette électricité est décarbonée. Ce qui permet à la France d'afficher le meilleur bilan d'émissions de gaz à effet de serre des pays du G7.

Depuis plus de vingt ans et contre toute logique, nous avons vu comment la France a infléchi, puis changé radicalement, sa politique énergétique sous la pression idéologique et partisane de l'écologie politique. Sous couvert de transition énergétique, d'économies d'énergie, d'efficience et de sobriété énergétique, de diversification des sources d'électricité, de nouvelles perspectives industrielles, ce changement de cap s'est opéré d'abord discrètement, puis il a été revendiqué. Près de 200 milliards d'euros ont été engagés pour développer les énergies renouvelables intermittentes monopolisant des investissements publics et privés colossaux, pour produire en 2020, de façon intermittente, environ 9% de l'électricité française.

En cette même année, la filière nucléaire, bien que délaissée, en a produit 67%, alors que son coût d'investissement total actualisé peut être évalué à moins de 300 milliards d'euros.

Aucune des justifications avancées n'a été confirmée dans le temps. Les rejets de gaz carbonique émis par notre production d'électricité n'ont guère bougé puisque celle-ci était déjà décarbonée à plus de 90%. La totalité des éoliennes et des panneaux photovoltaïques est importée. Le président de l'ADEME reconnaît que les promesses d'emplois dans le secteur des énergies renouvelables – qu'il soutient pourtant ardemment – n'ont jamais été tenues. En matière d'énergie, Paris a mis ses pas dans ceux de Berlin, alors que l'histoire et les situations énergétiques des deux pays n'ont rien de commun. Si l'Allemagne et l'Europe vont vers un échec énergétique et climatique, la France doit se garder de prendre la même direction.

Il ne s'agit pas de refuser le développement des énergies renouvelables qui valent mieux que le charbon, le pétrole ou le gaz et présentent des avantages irremplaçables dans certains territoires. Mais leur intermittence reste un handicap qui interdit aujourd'hui la perspective d'une électricité 100% renouvelable. Vouloir réduire la part du nucléaire dans le mix électrique de 75 à 50%, en 2035 comme en 2050, est totalement irréaliste en l'état actuel des technologies. C'est s'exposer au black-out ou à devoir construire des centrales à gaz dans l'urgence, à rebours de nos ambitions climatiques. Le nucléaire, pour une part proche de ce qu'elle est actuellement dans le mix électrique, demeure donc indispensable pour couvrir les besoins à tout instant. Encore faut-il en assurer la pérennité.

Comme en 1973, le défi lancé à la France concerne son indépendance énergétique et sa souveraineté à l'aube d'une ère où l'électricité va devenir prépondérante. Dans une note de mars 2021, le Haut-commissariat au Plan estime que le vecteur électrique devrait représenter 50% de notre consommation d'énergie finale en 2050, contre 25% aujourd'hui. Il explique : « *L'essor de la mobilité électrique, les besoins croissants de rafraîchissement en été, le développement des équipements électroménagers et numériques, l'électrification des procédés industriels sont quelques-unes des tendances qui devraient accroître notre consommation d'électricité. Elles compenseraient l'amélioration de l'efficacité énergétique des usages actuels, facteur, en sens inverse, de baisse de la demande*[37]. » C'est dire que les besoins d'électricité vont exploser d'ici à 2050. Mais c'est oublier qu'avec plus de 40% d'énergies renouvelables intermittentes, la stabilité du réseau ne serait plus garantie, sauf avec l'apport du gaz. Les académies scientifiques – Académie des technologies et Académie des sciences –, comme les experts de PNC-France, ou du CÉRÉMÉ, estiment que ces besoins atteindront dans trente ans entre 750 et 1000 TWh.

Soit beaucoup plus que ce qui est retenu dans la loi de transition énergétique et de croissance verte (LTEVC) et la Programmation pluriannuelle de l'énergie (PPE). Leur sous-estimation politique, aujourd'hui encore gravée dans le marbre de la loi, conduit le pays à ne pas anticiper le développement de ses capacités de production nucléaire. Quitte à devoir, un jour prochain, choisir entre le black-out ou le renoncement à ses objectifs climatiques. Dans les deux cas, les conséquences industrielles sociales et politiques seraient incalculables. Cette utopie des 50% de nucléaire en 2050 est la position stratégique de repli du lobby des énergies renouvelables intermittentes et des antinucléaires qui usent de tous les arguments les plus fantaisistes pour en faire un mur infranchissable.

À la différence de 1973, le défi n'est pas que national. Il s'agit bel et bien de lutter contre le réchauffement climatique et, donc, de décarboner la production d'énergies.

---

37. *Ibid*, p. 3.

Le GIEC, comme l'Agence internationale de l'énergie, admettent que cette transition ne peut s'opérer sans recours à l'énergie nucléaire. Les USA, la Chine et la Russie sont déjà engagés dans l'aventure. Ils seront là lorsque surviendra l'inévitable choc énergétique dans des pays obligés de se tourner vers le nucléaire pour, à la fois, répondre aux besoins des populations et réduire leurs émissions de gaz à effet de serre.

Depuis plus de vingt ans et, surtout, dix ans, de graves erreurs de gouvernance ont affaibli notre filière nucléaire. Nous avons vu comment les seules décisions prises dans ce domaine lui ont été défavorables. Seule exception : le lancement du chantier de l'EPR de Flamanville (Manche), en 2006. Encore ses déboires ne servent-ils guère l'image du nucléaire en France. Partagé avec l'Allemagne, en 1992, le projet a souffert du désengagement unilatéral de celle-ci, en 1998. Puis ce prototype de réacteur à très haut niveau de sûreté a rencontré les pires difficultés lors de sa construction : perte de savoir-faire, changements de normes en cours de chantier, failles techniques... La fin du tunnel se profile et trois autres EPR sont en service ou en voie d'être couplés au réseau, en Chine et en Finlande. Côté coût, l'augmentation a atteint des niveaux allant bien au-delà de ceux prévisibles pour tout prototype. La facture dépassera les 12 milliards d'euros, la Cour des comptes évoquant même les 19 milliards. Mais l'EPR étant conçu pour fonctionner au moins soixante ans, ces investissements s'amortiront et deviendront même rentables. L'électricité produite par Fessenheim ne rapportait-elle pas 500 millions d'euros chaque année ? Et c'était avant la flambée des prix de l'énergie ! EDF a tiré les leçons des problèmes de Flamanville avec l'EPR 2 simplifié, prévu pour une industrialisation rationalisée, les savoir-faire ont été trouvés et se reconstituent.

Il est plus que temps d'inverser la tendance et de mettre en valeur les atouts de notre filière nucléaire pour rester dans le peloton de tête des pays maîtrisant ces techniques et possédant le savoir-faire industriel. Il y a urgence à passer des paroles, plus ou moins ambiguës, aux actes. La première décision à prendre, à la fois symbolique et efficace, est de retirer l'Énergie du ministère de la Transition écologique pour en faire un ministère plein et autonome. Grand dirigeant d'entreprise, coprésident de La Fabrique de l'Industrie, Louis Gallois plaide «*pour un véritable ministère de l'Industrie, réunissant Énergie et Recherche technologique, le tout suivi par un Conseil du plan comme il y a un Conseil de défense*». «*L'énergie ne peut être vue que sous le prisme environnemental,* insiste-t-il, *elle nourrit aussi l'industrie et intervient dans la vie des gens.*» Il est étrange de laisser cette compétence vitale et stratégique entre des mains partisanes. «*Les acteurs économiques doivent savoir où va l'État*», poursuit-il en souhaitant un débat national sur le sujet, notamment lors de la campagne présidentielle.

Le courage consiste donc à relancer le nucléaire, énergie d'avenir et non du passé, comme le prétend l'écologie politique, ou de «*transition*», comme le concèdent certains eurocrates. Pour plusieurs raisons. La densité énergétique phénoménale de l'uranium permet de produire assez d'énergie pour répondre à une demande qui va doubler, sans entraîner la couverture d'immenses espaces, des atteintes à la biodiversité et à l'environnement. Elle est incontournable pour disposer à tout moment d'une électricité fiable à un prix supportable, condition nécessaire à toute volonté de réindustrialisation. Décarbonée, elle permet de lutter efficacement contre le dérèglement climatique. Pourquoi se priver de tels atouts ?

L'expérience tirée, rien qu'en France, de 2000 années-réacteurs, le progrès, la recherche ne peuvent que renforcer les performances et la sûreté de l'énergie nucléaire. De l'EPR 2 aux réacteurs modulaires, de l'enfouissement en couches géologiques profondes des déchets à leur transmutation, du développement des réacteurs à neutrons rapides, du sel fondu au thorium, les perspectives sont immenses. Le GIEC et l'AIE prévoient la multiplication par cinq du parc nucléaire mondial. La France doit être au rendez-vous. Pour sa propre consommation décarbonée, pour ses exportations d'électricité, pour participer pleinement à la transition énergétique, pour produire hydrogène et ammoniac, pour répondre aux besoins insatiables du numérique, pour fabriquer des carburants de synthèse, pour dessaler l'eau de mer, et peut-être même un jour pour capturer le CO_2 dans l'atmosphère.

Le temps presse. Chaque jour qui passe rendra le défi plus difficile à relever. Au risque de voir notre filière nucléaire disparaître après « *le Grand carénage* » ! Imagine-t-on la France important les réacteurs dont elle aura inéluctablement besoin un jour ? Rien ne l'exclut si des décisions fermes et rapides ne sont pas prises. Nos concurrents ne nous feront pas de cadeaux.

Il ne suffit pas d'activer la recherche et développement sur les petits réacteurs modulaires pour répondre aux besoins croissants d'électricité en France, ainsi que l'a annoncé Emmanuel Macron. Le croire serait une erreur ; le laisser croire, une faute. Nous avons vu que ces SMR présentent un intérêt réel pour l'exportation, pour les collectivités d'outre-mer, mais pas avant que leur parcours de développement n'aboutisse à leur industrialisation. En 2030, au mieux.

Le président de la République ne peut procrastiner davantage. Il doit lancer au plus vite le dossier d'instruction des EPR 2 qu'EDF a élaborés pour assurer notre avenir énergétique. Pour répondre aux besoins d'électricité à venir, avec un mix nucléaire-renouvelables prudent, un effort industriel volontariste sur le nombre et le rythme des réacteurs à construire est indispensable. Se limiter à 6 n'aurait d'autre sens que celui d'un sursis. Or le nucléaire est partout dans le monde – sauf à Bruxelles –, considéré comme une énergie d'avenir. Il revient à la France de devoir protéger l'Europe d'une erreur stratégique aux conséquences incalculables.

Dans cette perspective, l'effort financier en faveur de la recherche sur les SMR doit s'accompagner d'une démarche identique sur les réacteurs à neutrons rapides, une technologie industrielle véritablement circulaire, avec un rendement cent fois meilleur. Après la mort politique de Superphénix en 1998, puis celle de Phénix en 2009 arrivé en fin de vie, l'arrêt d'Astrid a été compris dans le monde entier comme l'abandon par la France de toute perspective et ambition dans le nucléaire. Cet abandon, quelques mois avant la fermeture pour des raisons politiques de Fessenheim, est venu ternir encore davantage l'image d'une France jusque-là à la pointe de cette technologie majeure. Nous ne pouvons en rester là.

La relance de notre filière nucléaire est une décision qui appartient au gouvernement. Elle oblige celui-ci à prolonger son action au sein d'une Union européenne tournée vers les énergies renouvelables alors que dix États membres défendent le recours au nucléaire. Paris doit en prendre la tête et conduire avec eux une action forte et déterminée à Bruxelles pour faire respecter les traités Euratom et de Lisbonne. Lesquels, respectivement, encouragent le développement du nucléaire et place les choix de mix électrique dans le domaine de la subsidiarité. Accepter un compromis avec la Commission définissant le nucléaire comme une énergie de transition serait un échec pour la France, les pays nucléophiles et pour le climat.

Il n'y a plus un instant à perdre. Alors, nous pourrons tous ensemble oublier ce qui aurait été une affaire d'État et participer efficacement à la grande aventure collective du VVGe siècle : contenir le dérèglement climatique et relever les défis environnementaux.

ANNEXE 1

CE QUE VOUS PAYEZ EN PLUS DE L'ÉLECTRICITÉ !

Les prix de l'électricité flambent ! À qui la faute ? S'il est vrai que les électrons coûtent plus cher, la dépense due à sa seule consommation ne représente environ qu'un tiers de la facture. Les deux-tiers restants, à parts presque égales, sont constitués de l'abonnement et des taxes. Relisons cette facture pour y voir plus clair.

L'abonnement. Somme fixe, valable chaque mois, il couvre le coût de l'acheminement de l'énergie jusqu'au compteur – fixé principalement par le gestionnaire des réseaux RTE – et les coûts commerciaux du fournisseur. Il doit augmenter jusqu'en 2024 car il faut adapter le transport de l'électricité aux énergies renouvelables et renforcer les lignes. Plus éparpillée sur le territoire français, l'énergie éolienne et photovoltaïque doit être raccordée au réseau, ce qui va nécessiter la construction de milliers de kilomètres de lignes. « *Nous passerons de 150 points d'injection d'électricité sur le réseau à des millions* », annonce le président de la Commission de régulation de l'énergie (CRE). Pour que les voitures électriques, par exemple, puissent alimenter le système avec leur batterie inutilisée. Des investissements évalués à 105 milliards sur quinze ans !

La consommation. C'est le montant à payer pour les kWh utilisés. Il suffit de multiplier leur nombre par le prix unitaire du kWh. Ce qui couvre l'achat de l'énergie et les frais de gestion. Les évolutions des tarifs réglementés de vente (TREV) sont proposées par la Commission de régulation de l'énergie au gouvernement qui choisit de les appliquer ou de charger la Commission d'en formuler de nouvelles. Elle vérifie que ces tarifs reflètent bien les coûts d'EDF pour la production d'électricité.

Les taxes. La compréhension devient plus compliquée car il faut s'y retrouver dans des sigles parfois barbares. Prenons-les dans l'ordre de la facture.

- La **Contribution tarifaire d'acheminement (CTA).** Sous ce terme technique se cache le financement de la retraite des personnels relevant des industries électriques et gazières, notamment ceux d'EDF et d'Engie. Depuis 2005, ceux-ci relèvent du régime général, mais il faut encore alimenter le régime précédent.
- La **Contribution au service public de l'électricité (CSPE).** Créée en 2003, cette taxe servait initialement à financer des énergies renouvelables. Elle est passée de 3,3 €/MWH à 22,5 €/MWH en 13 ans, soit une hausse de près de 650% ! Correspondant à plus de 10% des factures, cette CSPE représente quelque 100 € par an en moyenne pour un ménage. Elle est désormais directement reversée au budget général de l'État.
- Les **taxes municipales et départementales** sur la consommation finale d'électricité. À destination de ces

deux collectivités locales, elles sont fixées sur une échelle déterminée par l'État et dépendent du lieu d'habitation et du type de client.

- La **Taxe sur la valeur ajoutée**. Elle s'applique bien sûr sur la consommation d'électricité, à un taux de 20%, mais aussi sur les diverses taxes qui l'accompagnent. À 20% aussi sur la CSPE et sur les taxes locales ; à 5,5% sur le montant de l'abonnement et sur la CTA. En 2014, le taux supérieur est passé de 19,6 à 20%, mais l'État a maintenu celui de 5,5% alors qu'il aurait dû descendre à 5%. D'où 750 millions d'euros récupérés, qui servent en partie à financer la baisse de TVA sur les travaux de rénovation thermique. Une partie de bonneteau ?

Pour l'UFC-Que Choisir, cette « *escalade fiscale* » est une « *aberration* » qui coûte cher au consommateur : ces impôts indirects représentent 57 € sur les factures des ménages chauffés à l'électricité. Entre 2010 et 2016, les prélèvements sont passés de 26% à 35% du prix total de l'électricité. Un argent bienvenu pour les finances publiques. « *Au total, c'est plus de 1,4 milliard d'euros que l'État ponctionne chaque année au titre de cette TVA s'appliquant sur les taxes, dont 1 milliard pour la seule électricité* », déplore l'organisation de défense des consommateurs. « *Mais où est la valeur ajoutée d'une taxe ? La logique d'origine de la TVA est complètement dénaturée pour n'en faire qu'une pompe aspirante infernale* », s'étonne-t-elle.

Pour compliquer le tout, il arrive de moins en moins rarement que, sur le marché de gros de l'électricité européen, celle-ci soit brièvement bradée à des prix négatifs ! Ainsi, dans la nuit du dimanche 1er au lundi 2 novembre 2020, la France, l'Allemagne, la Suisse, la Belgique, les Pays-Bas, l'Autriche et les pays scandinaves ont vendu pendant quatre heures à des prix descendant jusqu'à −10,48 € le MWh outre-Rhin et jusqu'à −7,97 €/MWh en France. La raison : une production éolienne très importante en Europe centrale et du Nord, couplée à une consommation nocturne très faible.

Ces prix négatifs ont prévalu pendant 26 heures en 2019, durant 102 heures en 2020, atteignant jusqu'à −75 € le MWh, et le record devrait être battu en 2021. Ce qui veut dire que les consommateurs se fournissant sur le marché à court terme (le marché spot) ont pu obtenir de l'électricité en étant payés par les producteurs (opérateurs des centrales au gaz ou nucléaires) ! Être payé pour consommer, est-ce qu'on marche sur la tête ?

L'apparition des prix négatifs tient en fait à l'essor des énergies renouvelables. Par définition, l'éolien et le solaire produisent quand il y a du vent et du soleil, ce qui ne correspond pas toujours au moment où les besoins d'électricité sont les plus hauts. Comme les électrons ne se stockent pas et que la réglementation prévoit que ceux produits par des éoliennes ou des panneaux photovoltaïques sont prioritaires sur le réseau, ces installations peuvent continuer à fournir alors que personne ne veut payer pour leur électricité. Mais les autres producteurs continuent aussi à produire car couper une centrale pour la redémarrer quelques heures après coûte assez cher. Mieux vaut donc payer pour écouler sa production lorsqu'il apparaît que le réseau aura besoin de ces électrons un peu plus tard. D'autant que tout KWh non vendu entraîne des pénalités.

ANNEXE 2

QUELQUES CHIFFRES ET DONNÉES

Rappel :
1 kilowatt (KW) = mille watts
1 mégawatt (MW) = 1 million de watts
1 gigawatt (GW) = 1 milliard de watts
1 térawatt (TW) = 1000 milliards de watts

Puissance : énergie échangée par un corps pendant une seconde.

Unité : le watt (W)

Quelques ordres de grandeur de puissance :
Un cycliste : 200 W
Un coureur du Tour de France : 400 W
Un lave-linge : 2500 à 3000 W, soit 2,5 ou 3 kilowatts (KW)
Un cheval-vapeur (CV) : 736 W, soit 0,736 KW
Une automobile de 100 CV : 73,6 KW
Un TGV : puissance appelée 3680 à 9280 KW, soit 3,68 à 9,28 mégawatts (MW)
Une borne de recharge de voiture électrique : 2,3 à 250 KW

La recharge simultanée de 2 millions de voitures électriques :
6500 MW, soit 6,5 gigawatts (GW). Soit la puissance de 5 EPR
Un réacteur nucléaire (REP) : 900 MWe, soit 0,9 GWe
Un EPR : 1600 MWe, soit 1,6 GWe

BIBLIOGRAPHIE

Bernard Accoyer et plusieurs de ses collègues députés, *Résolution sur les sciences et le progrès dans la République,* N°4215, adoptée à l'unanimité le 21 février 2017, Assemblée nationale.

Julien Aubert, Marjolaine Meynier-Millefert, *Énergies renouvelables : quelles priorités pour quelle transition énergétique,* Rapport d'information, Assemblée nationale, 2019.

Pierre Audigier, *La grande méprise des antinucléaires,* Hugo Doc, 2021.

Guillaume Bazot, *Les coûts de la transition* écologique, Fondapol, 2021.

Fabien Bouglé, *Éoliennes, la face cachée de la transition écologique,* Éditions du Rocher, 2020.

Fabien Bouglé, *Nucléaires, les 4 vérités cachées,* Éditions du Rocher, 2021.

Patrice Cahart, *La peste éolienne,* Hugo Doc, 2021.

Bertrand Cassoret, *Transition énergétique,* Deboeck Supérieur, 2018.

Valérie Faudon, *Relocaliser en décarbonant grâce à l'énergie nucléaire*, Fondapol, 2021.

Marc Fontecave, *Halte au catastrophisme !,* Flammarion, 2020.

Bill Gates, *Climat : comment éviter le désastre ?,* Flammarion, 2021.

Drieu Godefridi, *L'écologisme, nouveau totalitarisme,* Texquis, 2019.

Marc Jancovici, *Dormez tranquille jusqu'en 2100,* Odile Jacob, 2017.

Jean Jouzel, *Climats passés, climats futurs*, Éditions du CRNS, 2021.

Jean de Kervasdoué, *Les écolos nous mentent !,* Albin Michel, 2021.

Cédric Lewandowski, *Le nucléaire,* Que sais-je ?, 2021.

Dominique Louis, Jean-Louis Ricaud, *Énergie nucléaire, le vrai risque,* Fayard, 2020.

Hervé Nifenecker, *Nucléaire, un choix raisonnable,* EDP Sciences, 2011.

Denis Olivennes, *Un étrange renoncement,* Albin Michel, 2021.

Frédéric Pierucci, *Le piège américain,* J.-C. Lattès, 2020.

Henri Proglio, *Les joyaux de la couronne,* Robert Laffont, 2020.

Raymond Ruyer, *Éloge de la société de consommation,* Calmann-Lévy, 1969.

Géraldine Woessner, *Faut-il sortir du nucléaire ?,* First Éditions, 2019.

Imprimé en France par
CPI Bussière
en janvier 2022
N° d'impression : 2062452
Dépôt légal : janvier 2022